Die

Sphärik

oder

Lehrbuch

der sphärischen

Geometrie und Trigonometrie.

Von

Alexander Freiherrn von Forstner,

Lieutenant im 22sten Infanterie-Regiment, Mitglied der Ober-Militär-Examinations-Commission, Lehrer der Mathematik bei der allgemeinen Kriegesschule, der Mathematik und Physik beim Cadetten-Corps.

Mit einer Kupfertafel.

Berlin,
bei Fr. Laue.

1827.

Verbesserungen.

Seite 16 Zeile 3 v. u. statt LN lies QN

— 37 — 14 v. u. l. Kreisperipherie.

— 45 — 11 nach Grad setze man das Zeichen **)

— — — 13 lösche man das Zeichen **)

— — — 4 v. u. st. Fig. 8. l. Fig. 9.

— 78 — 12 v. u. st. als lies oder

Seinem

väterlichen Freunde

Friedrich Schleiermacher

widmet dieses Buch

aus innigster

Verehrung, Liebe und Dankbarkeit

der

Verfasser.

Vorrede.

Die Sphärik, als ein möglichst selbstständiger Theil der Elementarmathematik, ist keineswegs in der mathematischen Literatur eine so vielfach behandelte Disciplin, daß ein neues Buch, welches sie aus jenem Gesichtpuncte darstellt, dem Anfänger wie dem Kenner der Wissenschaft, nicht gleich willkommen sein sollte, wenn es erfüllt, was man von solchem Buche verlangen kann. — Freilich läßt sich wenig Neues über die geometrischen und trigonometrischen Constructiongesetze auf der Kugelfläche, sagen; daher macht auch gegenwärtiges Werk, weniger Ansprüche auf die Anführung neuer Sätze, als auf die Art der Darstellung des ganzen Systems der Sphärik; ob mit Recht? muß dem einsichtvollen und billigen Beurtheiler, zu entscheiden überlassen bleiben. — Keineswegs ist es meine Meinung, als fänden Anfänger in der reichhaltigen mathematischen Literatur, nicht jede Hülfe, um sich die Lehren der Sphärik vollständig aneignen zu können; aber, wenn größtentheils die sphärische Geometrie, in den Schriften nur sehr mager abgehandelt ist, wird auch die sphärische Trigonometrie, größtentheils nur einseitig gelehrt, d. h. wenig aufmerksam auf die, so wesendlich verschiedenen und doch aus einer Quelle entspringenden Formeln für die Auflösung der sphärischen Triangel gemacht, dann aber dem Anfänger gewöhnlich die, oft schwierige Behandlung der Formeln für würkliche Berechnungen, selbst überlassen. Eine Kritik der, die sphärische Trigonometrie abhandelnden Werke, kann und soll hier nicht gegeben werden; die meisten von ihnen aber, tragen sie gemeinschaftlich mit der ebenen Trigonometrie vor, und nehmen dann auf die sphärische Geometrie nur nothdürftig Rücksicht; andere Mängel zu geschweigen. — Ein Werk muß aber hier besonders genannt werden, das der deutschen Literatur gewiß zur Ehre gereicht; nemlich: Pohl, Geometrie und Trigonometrie auf der Sphäre (Berlin 1819). Nach diesem Werke, scheint es überflüssig, die Sphärik von Neuem selbstständig zu bearbeiten, und es erscheint vielleicht gewagt, daß neben jenem klassischen Werke, gegenwärtiges Buch auftritt. Als Rechtfertigung mögte wol nur nöthig sein hier anzuführen, daß im vorliegenden Werke, alle Lehren der Sphärik, auf weniger als dem halben Raume jenes bedeutenden Werkes dargestellt sind, und noch manche Anwendungen der Sphärik in der reinen Mathematik, besonders auf die Körper, vorkommen, von denen jenes Werk nichts enthält. Diese Anwendungen durften aber hier nur kurz, ja fast nur in Andeutungen gelehrt werden, da sie bei ihrer Ausführung, in ein zu großes Gebiet führen, das hier dem Leser weiter zu verfolgen überlassen wird. Die Verschiedenheit in der, in beiden Werken befolgten Methoden, übersieht der Kenner leicht. — In anderen Werken welche die sphärische Trigonometrie abhandeln, findet man oft die Anwendungen dieser Disciplin auf das Feldmessen, die sphärische Astronomie u. s. w.; eine löbliche Zugabe, wo sie, bei hinlänglicher Vorbereitung des Lesers, gegeben werden kann; hier lag es außerhalb des, rein wissenschaftlichen Zweckes, von diesen Anwendungen zu reden. Die, dem Vortrage der sphärischen Trigonometrie, in §. 72 kurz vorausgeschickten Bemerkungen, werden manchem Anfänger willkommen sein; mit den darin erwähnten Sätzen oft unbekannt, findet der Anfänger, der, wie er hier vorausgesetzt wird, nur mit den Elementen der ebenen Trigonometrie bekannt ist, bei manchen Erscheinungen der sphärischen Trigonometrie, Schwierigkeiten, die ihm dann oft ungelöset durch das Buch bleiben. Gewiß bedürfte es nur der, in jenem §. genannten Andeutungen, damit der Anfänger sich von der Natur der Linien im dritten und vierten Quadranten, richtige Begriffe machen kann. Eben so sind in einem Anhange, die wichtigsten goniometrischen Formeln entwickelt, theils, weil mehrere derselben unmittelbar in der sphärischen Trigonometrie gebraucht werden, theils, um die wichtigsten Hülfformeln für die Lösung combinirter Aufgaben zu geben, die bloße Anführung dieser Formeln ohne ihre Entwickelung aber, dem wißbegierigen Anfänger nicht wol genügen, die Entwickelung selbst zu suchen, von ihm jedoch nicht immer verlangt werden kann, überdies in Elementarbüchern der ebenen Trigonometrie, diese Formeln wol nicht angeführt werden. —

So denke ich denn, daß ein aufmerksamer wißbegieriger Leser, keinen Anstoß finden wird die, eben so interessante als wichtige Sphärik, aus diesem Buche selbst zu lernen, daß er aber desto mehr Gelegenheit finden soll, durch die häufig gegebenen Andeutungen, sich mit den Eigenthümlichkeiten der Sphärik vertraut zu machen, so wie Stoff genug um angeregt zu werden, für die weitere Ausbreitung eines so schönen Theils der Elementarmathematik, selbstthätig würken zu können.

Berlin, im Mai 1827.

v. Forstner.

Kurze Uebersicht des Inhaltes.

Die Sphärik.

S p h ä r i k.

Erster Abschnitt.
Die sphärische Geometrie.

Erstes Kapitel.
Von den Kreisen auf der Kugelfläche.

§. 1. Erklärung.

Eine Kugelfläche oder sphärische Fläche, ist eine Fläche von der Eigenschaft, daß alle in ihr anzunehmenden Puncte, von einem gewissen Puncte, dem Mittelpuncte (Centrum) genannt, gleich weit entfernt sind. Die Linien welche diese Entfernungen angeben, heißen die Halbmesser (Radien), und gehört es zum Wesen der Kugelfläche, daß alle Halbmesser über den Mittelpunct hinaus nach der entgegengesetzten Seite verlängert, die Kugelfläche wiederum treffen. *) Solche durch den Mittelpunct gezogene Linie,

*) Nach bekannten Sätzen aus der ebenen Geometrie und aus der Lehre von den Ebenen, liegt in der gegebenen Erklärung die Nothwendigkeit 1) daß der Mittelpunct der Kugelfläche

bis zu beiden Seiten die Kugelfläche getroffen wird, heißt ein Durchmesser (Diameter) der Kugelfläche

§. 2. Grundsätze.

In der gegebenen Erklärung liegen die Sätze:

1) Alle Halbmesser sind einander gleich.
2) Der Durchmesser ist der zwiefache Halbmesser.
3) Alle Durchmesser sind einander gleich.

§. 3. Erklärungen.

1) Der von der Kugelfläche begrenzte Raum, *) heißt der Kugelkörper, gewöhnlich die Kugel (Sphäre) genannt.

2) Der in §. 1. erwähnte Punct und die dort genannten Linien, heißen auch: Mittelpunkt, Halbmesser, und Durchmesser der Kugel.

3) Derjenige Theil der Geometrie, welcher sich mit der Kugelfläche und den auf dieser zu ziehenden Linien und Figuren beschäftiget, heißt die sphärische Geometrie (sprachrichtiger: Geometrie auf der Kugel oder Geometrie der Kugel genannt), auch blos Sphärik.

Zusatz 1. Die Entstehung der Kugelfläche, kann gedacht werden, wenn ein Halbkreis sich um seinen, als fest angenommenen Durchmesser ganz herum bewegt, da dann die Peripherie des Halbkreises die Kugelfläche, die Fläche des Halbkreises aber, den Kugelkörper gleichsam beschreibt.

---

außerhalb derselben liegt 2) daß die Kugelfläche eine krumme Fläche ist 3) daß diese Fläche einen Raum zu allen Seiten (völlig) begrenzt. — Es sind diese Sätze also in der gegebenen Erklärung schon enthalten.

*) Siehe Nr. 3. der Anmerkungen am Ende der vorigen Seite. Aus den ersten Begriffen der Geometrie ist deutlich, daß dieser überall begrenzte Raum ein (geometrischer) Körper ist.

Zusatz 2. Alle in der Folge genannten Sätze, beziehen sich immer nur auf eine und dieselbe Kugel. In wiefern zwei Kugeln angenommen werden können, läßt sich in der Folge leicht beurtheilen.

§. 4. Anmerkung.

Die sphärische Geometrie, kann als ein selbstständiger Theil der niederen reinen *) Geometrie betrachtet werden, den man unmittelbar der Lehre von den Ebenen **) kann folgen lassen. In dieser Selbstständigkeit, also unabhängig von der eigentlichen Körperlehre, soll sie hier betrachtet werden, daher es ihrer würdig war, die Erklärung der Kugelfläche (§. 1.), unabhängig vom Kugelkörper (d. h. von der Kugel) zu geben, wenn gleich beide Größen immer nur zugleich vorhanden sein können; daher es denn nicht stöhren kann, wenn auch hier von der Kugel oft geredet wird, wo Kugelfläche stehen könnte. — Man kann aber auch die sphärische Geometrie, als einen Theil der Stereometrie ansehen, zumal sie mit der Stereometrie in bemerkenswerther Beziehung steht. ***) — Wenn also der Leser dieser gegenwärtigen Schrift, auch mit den Lehren der Stereometrie ganz unbekannt sein sollte, so kann er im Folgenden dennoch kein Hinderniß für das Studium finden; kennt er die Körperlehre, so wird er die mancherlei Beziehungen beider zu einander, leicht entdecken, und sollen solche Beziehungen — da sich jene Kenntniß fast voraussetzen läßt — am gehö-

*) Im Gegensatze der analytischen Geometrie.

**) Welche wie bekannt den Uebergang von der Geometrie der Ebenen (Planimetrie) zur Geometrie der Körper (Stereometrie) bildet, und gewöhnlich zu letzterer gerechnet wird.

***) Im 2ten Bande meines Lehrgebäudes der Mathematik, wird die sphärische Geometrie in dieser Beziehung betrachtet.

rigen Orte genannt, können aber unbedingt auch übergangen werden, d. h. ohne dem Verstehen der folgenden Lehren zu schaden.

Es wird daher für diesen ersten Abschnitt nur die **Geometrie der Ebenen** und die **Lehre von den Ebenen** *) vorausgesetzt, so wie für den zweiten Abschnitt (die sphärische Trigonometrie), außer den Elementen der niederen Arithmetik, nur noch die ebene Trigonometrie verausgesetzt wird.

Dem Leser wird also zugemuthet, daß er die Sätze auf welche berufen wird, alle kennt, und soll das Berufen auf diese Sätze durch ein, in einer Parenthese stehendes G (**Geometrie** bedeutend) oder E (**Ebenenlehre**), ohne Beziehung auf ein besonderes geometrisches Buch, geschehen. Eine Berufung auf stereometrische Lehren, findet aus genannten Gründen nicht statt, doch soll ein Hinweisen auf solche, aus gleichfalls genannten Gründen, durch ein S (**Stereometrie**) geschehen.

§. 5. Lehrsatz (Figur 1.)

Ein Perpendikel vom Mittelpuncte einer Kugel, auf eine die Kugel schneidende Ebene gefällt, trifft diese Ebene stets innerhalb der Kugel.

Beweis. Es bedeute APBS eine Kugel **), NM sei eine dieselbe schneidende Ebene, AEBF aber der

---

*) Um keinen Zweifel über den Begriff der **Lehre von den Ebenen** zu lassen, sei bemerkt, daß darunter verstanden wird: die bei Ebenen unter einander und Linien **außerhalb einer gemeinschaftlichen Ebene**, **vorkommenden Beziehungen**; also auch **die Sätze von den Ecken**.

**) Wie dergleichen Zeichnungen zu deuten sind, kann, als aus der Lehre von den Ebenen bekannt, hier vorausgesetzt werden. Der die Kugel vorstellende Bogen, kann als in der Ebene

Durchschnitt dieser Ebene mit der Kugelfläche, so, daß jeder Theil dieses Durchschnitts, der eine Linie ist (E) ganz auf der Kugelfläche liegt. Man nehme nun an, der Perpendikel vom Mittelpuncte O auf NM gefällt, falle, gegen die Behauptung, außerhalb der Kugel z. B. wie OC; so lege man durch OC eine beliebige Ebene, bis die Ebene NM in der Linie CD geschnitten wird. Es sei OCD diese durchgelegte Ebene, welche zugleich den Theil AEBF (der Ebene NM), in der Linie FE schneide. Nun muß der ∠ OCD = R (recht) sein (E). Verbindet man O mit F und E, so ist OF = OE (§ 2, 1.), also Δ OFE gleichschenklich und ∠ OFE spitz (G), also ∠ OFC stumpf. Man hätte daher im Δ OFC, einen rechten und einen stumpfen Winkel, welches nicht möglich ist (G). Auf diesen Widerspruch kömmt man durch die Annahme: der Perpendikel könnte außerhalb der Kugel fallen, was daher nicht möglich ist; also fällt der Perpendikel innerhalb der Kugel, weil nemlich keine andere Lage für ihn bleibt, er aber zu fällen stets möglich ist (E). — Welches zu beweisen war.

§. 6. Lehrsatz. (Fig. 1.)

Der Durchschnitt AHBF, einer Kugel APBS und einer Ebene NM, ist ein Kreis.

Beweis. Vom Mittelpuncte O fälle man auf die Durchschnittfläche AHBF *) den Perpendikel OQ, welcher nach §. 5. die Fläche AHBF treffen muß. Von Q ziehe man nach beliebigen Puncten der Linie

---

der Constructionfläche liegend, angesehen werden; über und unter dieser Ebene liegen dann die Theile der Kugel.

*) Diesen Theil der Durchschnittfläche NM, braucht man immer nur zu betrachten; die Erweiterung jenes Theils, kann man sich nöthigenfalls immer wieder vorstellen

AHBF, die Linien QH, QF, QB u. s. w., und verbinde die Puncte H, F, B u. s. w. mit O; so entstehen lauter, bei Q rechtwinkliche Triangel OQH, OQF, OQB u. s. w. (E.), welche die Linie OQ gemeinschaftlich, die Hypothenusen OH, OF, OB u. s. w. aber, als Halbmesser der Kugel, gleich haben. Diese Triangel sind daher congruent (G), und folglich bei ihnen die Linien QH, QF, QB u. s. w. gleich. Diese Gleichheit könnte auf dieselbe Weise von allen, vom Puncte Q nach den Puncten in der Linie AHBF gezogenen Linien, dargethan werden. Es ist also AHBF eine Kreislinie, die von ihr begränzte Fläche eine Kreisfläche, und Q der Mittelpunct dieses Kreises. — W. z. b. w.

Anmerk. Geht die schneidende Ebene durch den Mittelpunct der Kugel, so ist der Satz sogleich klar.

§. 7. Zusätze.

1) Der vom Mittelpunct einer Kugel auf eine, die Kugel schneidende Kreisfläche (§. 6.) gefällte Perpendikel, trifft immer den Mittelpunct dieser Kreisfläche. — Dies liegt unmittelbar im letzten Theile des Beweises zu §. 6.

2) Weil ein Kreis nur einen Mittelpunct haben kann (G), so ist leicht zu sehen, daß auch eine Kugel nur einen Mittelpunct haben kann, indem die Annahme von z. B. zwei Mittelpuncten bei einer Kugel, auch auf zwei Mittelpuncte für die, durch diese beide Puncte zu legende Kreisebene (§. 6.) führen würde.

3) Die Verbindunglinie des Mittelpunctes der Kugel mit dem Mittelpuncte des Durchschnittkreises, steht stets senkrecht auf dieser Fläche. Die Annahme des Gegentheils hiervon, würde nach Nr. 1. und 2. sogleich auf den Widerspruch führen, daß alsdann vom Mittelpuncte der Kugel auf diese Durchschnittfläche, ein

Perpendikel zu fällen sei, der nicht jene Verbindunglinie ist und nicht den Mittelpunct träfe.

4) Errichtet man im Mittelpuncte des Durchschnittkreises, auf der Ebene dieser Fläche einen Perpendikel, so geht derselbe durch den Mittelpunct der Kugel. — Die Annahme des Gegentheils würde, wenn man die Verbindunglinie dieser beiden Puncte zieht, nach No. 3. darauf führen, daß in einem Puncte mehr als ein Perpendikel auf einer Ebene möglich wäre, was bekanntlich nicht sein kann (E).

5) Wenn der Mittelpunct einer Kugel, oder für einen Kugeltheil, zu finden ist; so ist nach Nr. 4. die Construction sehr einfach, indem man zwei beliebige, nur nicht parallele Durchschnittkreise durch die Kugel legt, in den Mittelpuncten beider, Perpendikel auf ihnen errichtet, die sich schneiden müssen (G), beide aber nach Nr. 4. durch den Mittelpunct der Kugel gehen, welcher ihr Durchschnittpunct sein muß. — Bei einer ganzen Kugel, genügt eine jener Ebenen, sobald man den Perpendikel zum Durchmesser erweitert und seine Mitte sucht.

6) Zufolge bekannter in der Geometrie bewiesener Sätze, wird nun durch §. 6. sogleich ersichtlich sein, daß eine, zwei Puncte der Kugelfläche verbindende Linie, welche Sehne der Kugel heißt, immer ganz innerhalb der Kugel fällt, und daß jede gerade Linie unendlich verlängert, die Kugelfläche in nicht mehr als zwei Puncten durchschneiden kann. (Man lege nemlich durch solche Linie eine Durchschnittebene, so ist die Behauptung sogleich klar).

§. 8. Aufgabe.

Durch vier Puncte im Raume die nicht in einer Ebene liegen, eine Kugelfläche zu legen.

Auflösung und Beweis. Man lege durch

drei jener vier Puncte die, stets mögliche Ebene (E), beschreibe in dieser durch jene drei Puncte einen Kreis (G), und errichte in dessen Mittelpunct auf seiner Fläche einen Perpendikel. Dieser muß, da jene drei Puncte in der Kugelfläche liegen sollen, also der Kreis ein Durchschnittkreis wird, durch den Mittelpunct der Kugel gehen (§. 7, 4). Macht man dieselbe Verrichtung noch einmal bei dreien jener vier Puncte (natürlich nicht bei derselben), so erhält man eine zweite, durch den Mittelpunct der Kugel gehende Linie. Beide Linien müssen also in ihrem Durchschnittpunkte, den gesuchten Mittelpuncte geben (Der Durchschnitt der beiden gelegten Ebenen, die doch zwei Puncte gemeinschaftlich haben, bedingt einfach die Nothwendigkeit des Durchschnitts jener beiden Perpendikel).

§. 9. Lehrsätze. (Fig. 1.)

1) Ein Durchschnittkreis der Kugel, ist desto größer, je näher er beim Mittelpuncte der Kugel ist.

Beweis. Ist $OQ < OK$, so soll $QB > KG$ sein, wenn AB und IG zwei Durchschnittkreise, *) OQ und CK aber ihre wechselseitigen Entfernungen sind. Wird O mit B und mit G verbunden, so ist bei denen, bei Q und K rechtwinklichen Triangeln OQB und OKB, $OB = OG$ und $OQ < OK$, daher auch

$$\overline{OB}^2 = \overline{OG}^2 \text{ so wie}$$

$$\overline{OQ}^2 < \overline{OK}^2, \text{ daher}$$

$$\overline{OB}^2 - \overline{OQ}^2 > \overline{OG}^2 - \overline{OK}^2 \text{ d. h.}$$

$$\overline{QB}^2 > \overline{KG}^2 \text{ (G), also auch}$$

$$QB > KG. \text{ W. z. b. w.}$$

---

*) Sind zwei Puncte in der Peripherie eines Kugelkreises,

2) Ein Durchschnittkreis der größer als ein anderer ist, ist näher am Mittelpuncte der Kugel als der kleinere.

Beweis. Bei der Annahme $QB > KG$, ist leicht wie in Nr. 1. zu beweisen, daß:

$$\overline{OB}^2 - \overline{QB}^2 < \overline{OG}^2 - \overline{KG}^2, \text{ d. h. daß}$$

$$\overline{OQ}^2 < \overline{OK}^2, \text{ also daß}$$

$$OQ < OK \text{ ist. W. z. b. w.}$$

Zusatz 1. Der durch den Mittelpunct der Kugel gehende Durchschnittkreis, ist diesem Puncte am nächsten, also der größte Durchschnittkreis. — Zwei Puncte auf der Kugelfläche oder auch eine Sehne, bestimmen seine Lage, indem der Mittelpunct der dritte Punct für seine Lage ist. (E).

Zusatz 2. Kreise die gleich weit vom Mittelpuncte der Kugel entfernt sind, sind einander gleich, und gleiche Kreise sind gleich weit vom Mittelpuncte der Kugel entfernt.

§. 10. Erklärungen.

1) Ein, durch den Mittelpunct der Kugel gehender Kreis, heißt ein größter Kreis (§. 9, Zusatz 1.) oder Normalkreis.

2) Kreise, welche durch den Durchschnitt einer Ebene mit einer Kugelfläche auf dieser letzteren entstehen, heißen Kugelkreise; sind sie nicht Normalkreise (Nr. 1.), so heißen sie auch kleinere Kugelkreise (§. 9.) oder Nichtnormalkreise.

3) Parallelkreise sind Kugelkreise, deren Ebenen parallel gehen.

4) Der im Mittelpuncte eines Kugelkreises auf der Ebene desselben errichtete, und bis zum Durchmesser

---

nicht durch eine Linie verbunden, so pflegt man den Kreis wol auch auch nach solchen zwei Puncten zu benennen.

(§. 7, 4) verlängerte Perpendikel, heißt die Axe des Kugelkreises.

5) Die beiden Endpuncte der Axe (Nr. 4.), heißen die Pole des Kugelkreises.

6) Der von den Peripherien zweier Parallelkreise begrenzte Theil der Kugelfläche, heißt eine Kugelzone oder blos Zone. Auch erhält diesen Namen jeder der Theile der Kugelfläche, in welche diese durch die Peripherie eines Kugelkreises getheilt wird, indem man bei Zonen dieser Art den zweiten Parallelkreis der zuerst erwähnten Zone, als verschwunden ansehen kann, indem er stets kleiner wird, jemehr er sich über den Mittelpunct hinaus, vom anderen Parallelkreis entfernt (§. 9, 1), und zuletzt als verschwindend anzusehen ist.

§. 11. Lehrsatz.

Der Normalkreis theilt die Kugelfläche in zwei congruente Theile.

Beweis. Man stelle sich die beiden erhaltenen Theile dergestalt in einander gelegt vor, daß der gemeinschaftliche Normalkreis wieder gemeinschaftlich wird, so fallen die Mittelpuncte beider Normalkreise in einander (G). Könnte nun irgend ein Punct des einen Kugelflächentheils, außer dem anderen Kugelflächentheile fallen, so würde eine, vom Mittelpuncte nach jenem Puncte gezogne Linie, bis beide Kugeltheile getroffen werden, bis zu beiden Puncten ungleich sein, da sie doch bis zu beiden Puncten Radien giebt, die gleich sind. — Es fallen demnach alle Puncte des einen Theils, ganz in den anderen Theil, d. h. beide Theile congruiren. W. z. b. w.

Zusatz 1. Daß auch der Kugelkörper durch den Normalkreis halbirt wird, liegt im eben Bewiesenen.

Zusatz 2. Man nennt die erhaltenen beiden congruenten Theile: Halbkugeln, auch Hemisphären. Der sie begrenzende Normalkreis, heißt auch zuweilen die Grundfläche der Halbkugel.

Zusatz 3. Daß kleinere Kugelkreise (§. 10, 2) die Kugel (die Fläche und den Körper) in zwei ungleiche Theile theilen, ist aus dem Bewiesenen sogleich einzusehen.

§. 12. Zusätze.

1) Normalkreise sind einander gleich. Denn: ihre Halbmesser sind Halbmesser der Kugel.

2) Normalkreise schneiden und halbiren sich wechselseitig im Durchmesser der Kugel. Denn: indem sie durch den Mittelpunct der Kugel gehen, haben sie diesen Punct gemeinschaftlich, müssen sich daher in einer Linie schneiden, in welcher der Mittelpunct liegt (E), welche Linie, da sie bis zur Kugelfläche geht, ein Durchmesser ist, welcher wiederum die Kreise halbirt (G).

3) Zu gleichen Sehnen der Kugel, gehören auch wechselseitig *) gleiche Normalkreisbogen, so wie zu gleichen Normalkreisbogen, gleiche Sehnen der Kugel gehören. (Ist aus Nr. 1. und G. sogleich klar).

§. 13. Lehrsatz.

Zwei Nichtnormalkreise, können sich nicht wechselseitig halbiren.

Beweis. Fände die wechselseitige Halbirung statt, so müssen sich beide Nichtnormalkreise in ihren Durchmessern halbiren (G), müßten also auch dessen

*) Nach §. 9. Zusatz 1. bestimmt eine Sehne der Kugel die Lage eines Normalkreises, und theilt zugleich denselben in zwei Bogen, die, wenn jene Sehne nicht Durchmesser ist, ungleich sind. Man hat daher bei zwei gleichen Sehnen, wechselseitig gleiche Bogen bei den zugehörigen Normalkreisen (G).

Mitte, d. h. ihre Mittelpuncte gemeinschaftlich haben. Würde dieser Punct mit dem Mittelpuncte der Kugel verbunden, so stände diese Verbindunglinie senkrecht in demselben Punkte auf beiden Kreisebenen (§. 7, 3), was nicht möglich ist, da beide Ebenen gegen einander geneigt sind (E). Die wechselseitige Halbirung kann daher nicht statt finden. W. z. b. w.

Zusatz 1. Daß der eine Kugelkreis den anderen halbiren kann (ohne selbst halbirt zu werden), ist für sich klar, und geschieht dies, wenn man durch den Durchmesser eines Nichtnormalkreises, einen beliebigen anderen Kugelkreis legt.

Zusatz 2. Kugelkreise die einander halbiren, sind Normalkreise (da nach dem eben Bewiesenen, andere Kugelkreise dieses nicht können, nach §. 12, 2 aber, Normalkreise es stets thun).

§. 14. Lehrsatz.

Ein Kugelkreis der durch die Pole eines anderen Kugelkreises geht, ist ein Normalkreis, steht senkrecht auf dem Kugelkreise und halbirt diesen.

Beweis. Der durch die Pole eines Kugelkreises gehende Kreis, geht auch durch die, beide Pole verbindende Linie, d. h. durch die Axe, und da diese senkrecht auf ihrem Kugelkreise steht (§. 10, 4), so steht auch die durch sie gelegte Ebene auf dieser senkrecht (E). Indem aber diese Axe ein Durchmesser der Kugel ist, ist der durchgelegte Kugelkreis ein Normalkreis, und da dieser durch den Punct gehen muß wo die Axe senkrecht auf ihrem Kugelkreise steht, d. h. durch dessen Mittelpunct; so schneidet der Normalkreis den Kugelkreis in einem Durchmesser d. h. er halbirt ihn. — W. z. b. w.

Zusatz. Wenn von zwei Kugelkreisen wechselseitig der eine durch des anderen Pole geht, so sind beide Kreise Normalkreise.

§. 15. Lehrsatz.

Ein Normalkreis der auf irgend einem Kugelkreise senkrecht steht, geht durch dessen Axe, Pole und halbirt ihn.

Beweis. Man fälle vom Mittelpuncte der Kugel, welcher doch auch des Normalkreises Mittelpunct ist, auf den Kugelkreis einen Perpendikel, so fällt dieser in die Ebene des, laut Annahme auf dem Kugelkreise senkrechten Normalkreises (E), trifft den Mittelpunct des Kugelkreises (§. 7, 1.) und beider Kreise gemeinschaftliche Durchschnittlinie. Jener Perpendikel ist daher als einzig hier möglicher Perpendikel (E), des Kugelkreis's Axe, durch welche daher, also auch durch dessen Pole, der Normalkreis geht. Jene gemeinschaftliche Durchschnittlinie, ist aber ein Durchmesser des Kugelkreises, welcher daher vom Normalkreise halbirt wird. W. z. B. w.

Zusatz 1. Sind die beiden Kreise Normalkreise, so kann man zwar den erwähnten Perpendikel nicht fällen, aber doch im Mittelpuncte auf der einen Normalkreisebene einen Perpendikel errichten, wo dann der fernere Beweis für ihr gegenseitiges Halbiren u. s. w., wie vorher geführt wird. Aus §. 12, 2 ist ihr gegenseitiges Halbiren schon bekannt.

Zusatz 2. Bei senkrecht auf einander stehenden Normalkreisen, steht die gemeinschaftliche Durchschnittlinie, senkrecht auf den Axen beider Normalkreise, diese Axen also wiederum senkrecht auf jener Linie. Denn: die Durchschnittlinie ist nur eine von den unendlich vielen, durch den Kugelmittelpunct in jeder der Normalkreisebenen zu ziehenden Linien, die alle mit der, auf dieser Ebene senkrecht stehenden Axe, rechte Winkel bilden (§. 10, 4 und E.).

Zusatz 3. Durch die, in Zusatz 2. erwähnten Axen und die Durchschnittlinie, wird daher jeder der beiden Normalkreise, in vier Quadranten getheilt. (Man nehme in Figur 4, AB als Axe des Normalkreises NLI, so wie die KL als Axe für den Normalkreis AHBI; so hat man, wenn HI die gemeinschaftliche Durchschnittlinie ist, die Bogen AH, HB, BI und IA für die Normalkreisebene AHBI, und eben so die Bogen HL, LMI, IK und KMH für die Ebene NLI, als die erwähnten Viertelkreisbogen.

§. 16. Lehrsatz.

Ein Normalkreis welcher einen Nichtnormalkreis halbirt, steht senkrecht auf diesem und geht durch dessen Axe und Pole.

Beweis. Jede einen Kreis halbirende Ebene, geht durch einen Durchmesser desselben also auch durch dessen Mittelpunct (G). Hiernach, und laut Annahme, liegt der Mittelpunet des Kugelkreises, auch in der Normalkreisebene, in welcher aber auch der Mittelpunct der Kugel, also auch die Verbindunglinie dieser beiden Puncte liegt. Diese Linie steht aber senkrecht auf der Nichtnormalkreisebene (§. 7, 3), ist daher die Axe des Nichtnormalkreises (§. 10, 4), durch welche, also auch durch die Pole dieses Kugelkreises, die Normalkreisebene geht, die wiederum sogleich, als durch diese senkrechte Linie gehend, selbst senkrecht auf der Nichtnormalkreisebene steht (E). W. z. b. w.

Anmerk. Von zwei Normalkreisen, obgleich sie gegenseitig einander halbiren, gilt der Satz keineswegs allgemein, wie leicht einzusehn ist.

§. 17. Lehrsatz.

Parallelkreise (§. 10, 3) haben ein und dieselbe Axe und dieselben Pole.

Beweis. Die Parallelkreise mögen zu einer und derselben Seite, oder zu beiden Seiten des Mittelpunctes der Kugel liegen; so fälle man vom Mittelpuncte der Kugel, auf die eine Kugelkreisebene einen Perpendikel, welcher, indem er dessen Mittelpunct trifft (§. 7, 1) die Axe dieses Kugelkreises ist. Dieser Perpendikel ist aber auch, gehörig verlängert, senkrecht auf allen anderen Parallelkreisen (E), und als Perpendikel auf ihnen, der auch durch den Mittelpunct der Kugel geht, trifft er die Mittelpuncte sämmtlicher Parallelkreise (§. 7, 1), ist also aller Axe. Die Parallelkreise haben mithin auch dieselben Pole. W. z. b. w.

Zusatz 1. Ein Durchmesser der Kugel, gehört als Axe, immer zu unendlich vielen Kreisen. Dasselbe gilt von zwei Polen.

Zusatz 2. Kugelkreise, welche eine gemeinschaftliche Axe (oder dieselben Pole) haben, sind Parallelkreise. Denn: auf den Flächen jener Kreise, steht die gemeinschaftliche Axe senkrecht, diese Flächen sind also parallel (E.)

Zusatz 3. Sind Kugelkreise nicht Parallelkreise, so können sie auch nicht dieselbe Axe (und mithin auch nicht dieselben Pole) haben. Denn die gemeinschaftliche Axe, würde nach Zusatz 2, Parallelkreise bedingen. Eben so können Kugelkreise, welche nicht eine gemeinschaftliche Axe haben, auch nicht Parallelkreise sein; indem (nach dem Lehrsatze) solche eine gemeinschaftliche Axe haben müßten.

Zusatz 4. Für einen bestimmten Kugeldurchmesser als Axe, sind zu beiden Seiten des Kugelmittelpunctes, wechselseitig unendlich viele Paare gleicher Parallelkreise möglich. — Durch Hülfe von §. 9. und der eben gehabten Sätze, ist diese Behauptung, so wie die mit ihr unmittelbar zusammenhängenden Sätze (z. B. daß solche gleiche Parallelkreise in gleichen Entfernungen vom Mittelpuncte sind, daß zu einer Seite dieses Punctes *nie zwei oder mehrere gleiche* Parallelkreise sein können u. dgl. m.), sogleich einzusehen.

§. 18. Lehrsatz. (Fig. 2.)

Der Bogen eines Normalkreises, ist kleiner als der Bogen jedes anderen Nichtnormalkreises, zwischen den Endpuncten jenes Normalkreises.

Beweis. Es sei ABC eine Kugel, N und M zwei Puncte auf derselben, und NDM der Bogen eines, durch dieselben gelegten Normalkreises NDCF; NEM sei aber der, durch dieselben Puncte gelegte Bogen eines Nichtnormalkreises, dessen Mittelpunct Q sei. Verbindet man die Endpuncte N und M, der gemeinschaftlichen Sehne NM beider Kugelkreisebenen mit den Mittelpuncten O und Q: so sind die Verbindunglinien ON und OM, als Halbmesser des Normalkreises, *größer* als die Linien QN und QM, welche Halbmesser eines Nichtnormalkreises sind (G). Da nun die beiden ebenen Triangel NMO und NMQ, die Seite NM gemeinschaftlich haben, so ist $\angle NOM < \angle NQM$ (G). Die Bogen zweier Kreise, sind aber im zusammengesetzten Verhältnisse der Winkel und der verkehrten Radien (G), also verhält sich:

Bogen NDM : Bogen NEM = $\angle NOM . QN : \angle NQM . NO$;

da nun, wie gezeigt $\angle NOM < \angle NQM$

und auch $QN < NO$, so auch

$\angle NOM . LN < \angle NQM . NO$,

weshalb in der obigen Proportion auch ist:

Bogen NDM < Bogen NEM. W. z. b. w.

Zu-

Zusatz 1. Da jeder, auf der Kugel zwischen zwei Puncten zu ziehende Bogen, entweder in einer Ebene liegt (diese sich also durch ihn legen läßt) oder nicht in solcher liegt, in letzterem Falle aber ein solcher Bogen größer als der Bogen des durch dieselben Puncte zu legenden Normalkreises ist; so ist der Bogen des Normalkreises die kürzeste Entfernung zwischen zwei Puncten auf der Kugelfläche, heißt deshalb auch blos: die Entfernung beider Puncte auf der Kugel von einander.

Zusatz 2. Außer jenem so eben betrachteten Normalkreisbogen, ist dessen Ergänzung zum ganzen Normalkreise, auch noch ein Bogen zwischen beiden Puncten auf der Kugelfläche. Dieser Bogen ist nun die größte Entfernung der beiden gedachten Puncte von einander, sobald diese Entfernung durch einen Bogen eines Kugelkreises bestimmt werden soll. *) Denn: der ganze Normalkreis ist schon größer als jeder andere Kugelkreis, nach dem Lehrsatze aber der eine Theil des ganzen Normalkreises, kleiner als der eine Theil des anderen Kugelkreises, weshalb gewiß der gedachte zweite Bogen des Normalkreises, größer als jeder Bogen eines Nichtnormalkreises ist.

Zusatz 3. Wenn die beiden Puncte auf der Kugel, die Endpuncte eines Kugeldurchmessers sind, so ist die halbe Peripherie des Normalkreises jene Entfernung, die aber nun durch unendlich viele solcher Halbnormalkreisperipherien, dargestellt wird.

§. 19. Lehrsatz. (Fig. 2.)

Ein Pol eines Kugelkreises, ist von allen

*) Sonst könnte man, wie leicht einzusehen ist, eine Entfernung finden, die jede beliebige Größe hat.

Puncten in der Peripherie dieses Kreises, gleich weit entfernt.

Beweis. Es sei KFGI ein Kugelkreis, P sein einer Pol; so lege man nach beliebigen Puncten als C, I, G u. s. w., die Normalkreisbogen, welche die Entfernungen des Pols P von den Puncten der Peripherie des Kugelkreises sind (§. 18. Zusatz 1.). Ist H der Mittelpunct des Kugelkreises, so ist PH ein Theil der Axe und steht senkrecht auf der Kugelkreisebene. Zieht man also die Radien HG, HC, HI u. s. w., so wie die Kugelsehnen PG, PC, PI u. s. w., so entstehen lauter bei H rechtwinkliche Triangel, die zugleich congruent sind (G), weshalb die Seiten PG, PC, PI u. s. w. auch gleich sind, zu welchen wiederum gleiche Normalkreisbogen gehören (§. 12, 3). — Derselbe Beweis ist für den zweiten Pol und die zugehörenden Entfernungen zu führen. — W. z. b. w.

Zusatz. Man könnte den Pol auch: den sphärischen Mittelpunct des Kugelkreises, und die Bogen PC u. s. w. die sphärischen Halbmesser desselben nennen, wonach ein Kugelkreis durch solchen Mittelpunct und Halbmesser völlig bestimmt wäre. Ein solcher Bogen könnte für die Kugel, wie eine gerade Linie für die Ebene, zu Constructionen auf der Kugel, als sphärisches Lineal und als sphärischer Zirkel dienen, und dann für den letzteren Gebrauch, ein Zirkelbogen heißen. (Siehe §. 22.)

§. 20. Zusätze.

1) Die Pole gleicher Kugelkreise, sind auch wechselseitig in gleichen Entfernungen von den Peripherien derselben. *) — Die Con-

---

*) Daß hierbei die Pole gehörig zu nehmen sind, d. h. bei dem einen Kreise nicht der Pol genommen werden darf, dessen

gruenz der, nach dem vorigen §. wechselseitig zu construirenden Triangel, ist wegen der, nach §. 9. Zusatz 2 stattfindenden gleichen Entfernungen der Kreise vom Mittelpuncte der Kugel, sogleich deutlich; *) woraus die Gleichheit der Kugelsehnen und daraus die Gleichheit der Entfernungen, einfach folgt.

2) Die Pole der Normalkreise, sind um Viertelkreise (Quadranten) von den zugehörigen Peripherien entfernt. — Es ist nemlich deutlich, daß jene rechte Winkel der Triangel (im vorigen §.), von zwei Radien der Kugel eingeschlossen werden, also Centriwinkel von Quadranten der Normalkreise, so zu jenen Entfernungen gehören, sind.

§. 21. Lehrsatz. (Fig. 2.)

Ist ein Punct P auf der Kugel, von drei Puncten I, G und C in der Peripherie eines Kugelkreises KGI gleich weit entfernt, so ist er dieses Kugelkreises Pol.

Beweis. Verbindet man den Mittelpunct H des Kugelkreises mit dem Puncte P, so wie mit den Puncten I, G und C, diese Puncte aber auch mit P; so sind die drei Linien PI, PG und PC, der gleich angenommenen Bogen wegen, gleich (§. 12, 3), die drei entstehenden Triangel PHI, PHG und PHC aber, congruent, da sie die PH gemeinschaftlich, und die dritten Seiten als Radien des Kugelkreises, gleich haben (G). Daher sind die Winkel PHI, PHG und PHC einander gleich, und folglich steht die Linie PH senk-

---

Entfernung vom Kugelkreise die Ergänzung der gemeinten Entfernung zum halben Normalkreis ist, versteht sich von selbst.

*) Die bei diesen Triangeln vorkommenden rechten Winkel, und die, der gleichen Kreise wegen gleiche Radien, sind wol sogleich zu erkennen.

recht auf der Ebene KGI (E), ist also die Axe, und P der Pol derselben. W. z. b. w.

Zusatz 1. Ist ein Punct auf der Kugelfläche, nicht Pol eines Kugelkreises; so können auch nicht drei (oder gar noch mehr) gleiche Bogen von Normalkreisen, von ihm zur Peripherie dieses Kugelkreises gehen. — Liegt unmittelbar im bewiesenen Satze. (Siehe §. 23.)

Zusatz 2. Hat man zu jeder Seite eines Kugelkreises einen Punct, welcher wenigstens von drei Puncten der Peripherie dieses Kreises auf seiner Seite, gleich weit entfernt ist; so ist die Verbindunglinie beider Puncte, die Axe des Kugelkreises. (Liegt im Begriffe der Axe und im Lehrsatze, nach welchem beide Puncte die Pole sind).

§. 22. Lehrsatz.

Stellt man sich mit jenem, in §. 19. Zusatz 2 erwähnten Bogen als sphärischen Zirkel dienend, von einem beliebigen Puncte auf der Kugel, als sphärischen Mittelpunct angenommen, einen Bogen auf der Kugel beschrieben vor (welchen der zweite Endpunct des Bogens dann beschreibt); so gehört derselbe einem Kugelkreise an.

Beweis. Stellt man sich durch drei beliebige Puncte dieses Bogens, eine Ebene gelegt vor, so giebt dieselbe nicht nur einen Kugelkreis, dessen Pol jener sphärische Mittelpunct ist (§. 21); sondern alle andere mittelst jenes Bogens beschriebene Puncte, liegen in der Peripherie dieses Kugelkreises, indem man lauter congruente Triangel erhält, wenn man die verschiedenen Puncte des erzeugten Bogens, mit dem Mittelpuncte des, durch jene drei Puncte gelegten Bogens und auch mit dem sphärischen Mittelpunct, diese beide Mittel=

puncte selbst aber mit einander verbindet, und diese Triangel auch mit jenen dreien, nach Anleitung des Beweises zum vorigen §. erzeugten Triangeln für die drei zuerst gewählten Puncte, congruent sind. Es sind also alle am Mittelpuncte des Kugelkreises liegenden Winkel gleich, und da die zu den drei genannten Triangeln gehörenden Winkel recht sind (§. 7, 3), so sind auch jene Winkel sämtlich recht, die Radien liegen also alle in einer Ebene (E), welche die Ebene des erwähnten Kugelkreises ist, dessen Peripherie also jener beschriebene Bogen sein muß. W. z. b. w.

Zusatz. Weiß man daher von einem Puncte auf der Kugelfläche, daß er von allen Puncten der Peripherie eines Kugelkreises gleich weit entfernt ist; so ist er der Pol dieses Kugelkreises.

§. 23. Lehrsatz (Fig. 3).

Von einem Puncte E auf der Kugelfläche, der nicht Pol eines Kugelkreises ACBF ist, kann man unendlich viele Paare von gleichen Bogen größter Kreise, zur Peripherie des Kugelkreises ziehen.

Beweis. Man verbinde E mit dem Mittelpuncte Q des Kugelkreises, so steht die Linie EQ nicht senkrecht auf der Ebene des Kugelkreises. *) Man suche nun von den unendlich vielen Paaren von Linien, die mit der EQ, von Q in der Ebene BA gezogen, gleiche Winkel bilden (E), ein Paar, z. B. die Linien QC und QD, so daß $\angle EQC = \angle EQD$ ist. Zieht man die Kugelsehnen EC und ED, so sind die ebenen Triangel EQC und EQD congruent (G; erster Satz der Congruenz), also die Sehnen EC und CD, daher auch

*) Wäre EQ senkrecht, so müßte E, gegen die Annahme, Pol des Kugelkreises sein.

die zugehörenden Bogen größter Kreise, welche die Entfernungen geben, einander gleich (§. 12, 3). Eben so findet man jede beliebige Menge, solcher zwei gleichen Bogen. W. z. b. w.

Zusatz. Liegen die beiden Bogen EC und ED selbst in einer Ebene, so sind sie Viertelkreise (Quadranten) von Normalkreisen. Denn: die Winkel EQC und EQD, werden dann gleiche Nebenwinkel, also rechte Winkel, daher die zugehörenden Bogen, als Maaß derselben, Quadranten sein müssen (G).

§. 24. Lehrsatz (Fig. 4.)

Sind zwei, nicht in einer Ebene liegende*) Entfernungen AN und AH, eines Punctes A auf der Kugelfläche, von der Peripherie eines Normalkreises NHI, Quadranten; so ist A der Pol des Normalkreises.

Beweis. Die Durchschnittlinie AO der Ebenen der Normalkreise, welche zu denen, die Entfernungen angebenden Bogen gehören, ist ein Durchmesser der Kugel (§. 12, 2), trifft also den Normalkreis im Mittelpuncte der Kugel O. Verbindet man O mit N und H, so sind diese Linien Radien der Normalkreise, wozu die Bogen AN und AH gehören, und da die Bogen Quadranten sein sollen, sind die Winkel AON und AOH rechte Winkel. Es steht also AO senkrecht auf der Ebene NHI, und folglich ist A der Pol des Normalkreises. W. z. b. w.

§. 25. Lehrsatz (Fig. 4).

Steht ein Normalkreis APBR senkrecht auf einem kleineren Kugelkreise DPEQ, so sind die, zwischen den Polen des Nichtnormalkreises und dessen Peripherie befindli-

*) Wegen des Zusatzes zum vorigen §.

chen Bogen des Normalkreises, sofern sie zu einer Seite des Nichtnormalkreises liegen, einander gleich.

Beweis. Nach §. 15. geht der Normalkreis durch die Pole des Nichtnormalkreises, welche Pole die Puncte A und B sein mögen. Nun ist unmittelbar nach §. 19, Bogen AP = Bogen AR, und eben so Bogen BP = Bogen BR. Wäre nun aber auch, gegen die Behauptung, Bogen AP = Bogen BP; so müßten die zugehörenden Sehnen AP und BP auch gleich, also die Triangel AQP und BQP congruent sein, da sie außer der gemeinschaftlichen Seite PQ, auch die rechten Winkel AQP und BQP gleich haben (indem AB als Axe, senkrecht auf der Ebene DE steht). Dann wäre aber auch AQ = BQ, oder Q der Mittelpunct der Kugel, was gegen die Annahme (DE sei Normalkreis) ist. Es kann also Bogen AP, nicht gleich Bogen BP (und eben so wenig Bogen BR = Bogen AR) sein. W z. b. w.

Zusatz. Der durch die Pole A und B einer beliebigen Menge von Parallelkreisen gelegte Normalkreis APBI, wird durch diese Kreise, in wechselseitig gleiche Bogen, sofern sie zwischen zwei der Parallelkreise liegen, getheilt. — Denn: da nach dem eben bewiesenen Satze, z. B. Bogen AR = Bogen AP, dann Bogen AI = Bogen AH ist, so auch Bogen AI — Bogen AR = Bogen AH — Bogen AP d. h. Bogen PH = Bogen RI. Eben so wird Bogen PS = Bogen RT, u. dgl. m. bewiesen.

§. 26. Lehrsatz (Fig. 3).

Eine Ebene NM, auf welcher ein Kugelhalbmesser OG in seinem, in der Kugelfläche liegendem Endpuncte G, senkrecht steht, liegt ganz außerhalb der Kugel.

Beweis. Um von jedem, in der Ebene MN noch anzunehmenden Puncte, z. B. von H, zu beweisen, daß er außerhalb der Kugel liege, verbinde man H mit O und mit G; so ist im Δ OGH, der $\angle$ OGH recht, also OH $>$ OG. Da nun ein Theil der OH, Halbmesser der Kugel ist, so liegt H außerhalb der Kugel. Dasselbe läßt sich von jedem anderen Puncte der Ebene beweisen. W. z. b. w.

Zusatz. Eine solche Ebene, welche nur einen Punct mit der Kugelfläche gemeinschaftlich hat, heißt: eine die Kugel tangirende Ebene oder Berührungebene, der Punct G aber der Berührungpunct. (Analog der Berührunglinie in der Geometrie der Ebene).

§. 27. Lehrsatz (Fig. 3).

Die Verbindunglinie OG, des Berührungpunctes G einer Berührungebene NM der Kugel, mit dem Mittelpuncte O der Kugel, steht senkrecht auf dieser Ebene.

Beweis. Gesetzt OG stände nicht senkrecht auf NM, so fälle man von O nach NM die Senkrechte OH; verbindet man nun H mit G, so ist $\angle$ OHG ein rechter Winkel, also OG $>$ OH. Da nun H außerhalb der Kugel liegen soll, so müßte G noch um so mehr außerhalb derselben liegen, was gegen die Annahme ist. Es kann daher keine andere Linie als die OG selbst, senkrecht auf NM stehen. W. z. b. w.

Zusatz 1. Einfach findet man wie oben durch indirecten Beweis, daß der, vom Mittelpuncte der Kugel auf die Berührungebene gefällte Perpendikel, stets den Berührungpunct trifft.

Zusatz 2. Und eben so beweiset man den Satz: der im Berührungpuncte auf der Berührungebene er=

richtete Perpendikel, geht durch den Mittelpunct der Kugel.

Anmerk. Die Analogie dieser Sätze mit denen der Geometrie über die Tangente, ist nicht zu verkennen.

Zweites Kapitel.

Von den Winkeln, Triangeln und mehrseitigen Figuren auf der Kugelfläche.

§. 28. Erklärungen (Fig. 3).

1) Die Neigung der Bogen zweier Kugelkreise auf der Kugelfläche, heißt ein sphärischer Winkel, hier blos Winkel genannt. Besonders werden aber nur diejenigen Winkel betrachtet, welche durch Bogen von Normalkreisen gebildet werden, was daher hier auch stets angenommen wird.

2) Die Benennungen: Scheitel und Schenkel der Winkel, so wie die Bezeichnung der Winkel, sind analog der Geometrie der Ebene. So ist z. B. $\angle$ IAK ein sphärischer Winkel, A der Scheitel, AI und AK die Schenkel desselben. — Ebenen der Schenkel, heißen die, den Schenkeln zugehörenden Normalkreisebenen.

3) Werden die, einen Winkel bildenden Normalkreisbogen, bis zum zweiten Schnitte in G verlängert (welcher Schnitt nach §. 12, 2, im zweiten Endpuncte des durch A gehenden Durchmessers' der Kugel, erfolgen muß), so heißt der hier entstehende $\angle$ IGK, der Polarwinkel des Winkels IAK (so wie IAK, Polarwinkel für $\angle$ IGK ist).

4) Die Eintheilung der sphärischen Winkel, in: Nebenwinkel, anstoßende Winkel und Scheitelwinkel, ist analog dieser Eintheilung bei den ebenen Winkeln, und wird hier als angeführt, angenommen.

§. 29. Lehrsatz (Fig. 3).

Die aus den Scheiteln gleicher sphärischer Winkel, mit einem beliebigen Bogen (als sphärischen Zirkel, §. 19. Zusatz) beschriebenen Bogen auf der Kugelfläche, sind einander gleich.

Beweis. Es sei $\angle KGI = \angle PGL$, *) und mit dem Bogen GK, seien die Bogen KI und PL beschrieben; so gehören nach §. 22, diese Bogen zu Kugelkreisen. Stellt man sich nun die Winkel mit ihren Scheiteln und mit einem ihrer Schenkel gehörig auf einander gelegt vor, so decken die Schenkel, der gleichen Winkel wegen, einander, und auch die Endpuncte der Schenkel fallen, des angenommenen, als Zirkel dienenden Bogens wegen, wechselseitig in einander. Nunmehr sind die beschriebenen Bogen, als demselben Kugelkreise angehörend zu betrachten (wenn auch die Scheitel beider Winkel, Anfangs nicht derselbe Punct waren), fallen daher in einander (G), und da die Endpuncte auch in einander fallen, so sind die Bogen einander gleich. W. z. b. w.

Zusatz 1. Sind die Winkel ungleich, so ist nun leicht zu sehen, daß auch jene durch die Beschreibung erhaltenen Bogen, ungleich sein müssen.

Zusatz 2. Die umgekehrten Sätze des eben bewiesenen Lehrsatzes (von gleichen beschriebenen Bogen

*) Die Winkel brauchen aber keineswegs denselben Scheitel zu haben.

auf gleiche Winkel zu schließen), so wie des Zusatzes 1, sind nun auch einfach zu beweisen.

Zusatz 3. Die Aufgabe: einen sphärischen Winkel an einen bestimmten Punct eines Bogens zu tragen, ist, analog wie in der ebenen Geometrie, nun auch einfach zu lösen.

§. 30. Lehrsatz (Fig. 4.)

Ein, nach dem vorigen §. beschriebener Bogen, ist das Maaß des sphärischen Winkels, zwischen dessen Schenkeln er beschrieben ist.

Beweis. Stellt man sich den Bogen DP, welcher mit dem Zirkelbogen AP aus A beschrieben sein mag, zum ganzen Kugelkreis DPEQ vollendet vor, so ist A der Pol des Kugelkreises DPEQ (§. 22 Zusatz). Stellt man sich nun die Peripherie dieses Kreises, in beliebig viele gleiche Bogen getheilt vor, und sucht die zugehörenden sphärischen Winkel deren Scheitel A ist; *) so sind die Winkel sämmtlich gleich (vorige §.) Es werden sich daher sphärische Winkel, stets zu den sämmtlichen um einen Punct auf der Kugelfläche möglichen Winkeln verhalten, wie sich ein mit beliebigem Zirkelbogen aus ihrem Scheitel zwischen ihren Schenkeln beschriebener Bogen, zur ganzen Peripherie verhält. Dies drückt aber der Ausdruck: ein Bogen ist das Maaß eines Winkels, genau aus (S). — W. z. b. w.

Zusatz. Der Bogen eines Normalkreises, ist also das Maaß des, zu diesem Bogen gehörenden sphärischen Winkels, dessen Scheitel der Pol jenes Normalkreises ist (Vergleiche §. 19).

---

*) Oder man stellt sich ∠ A, in lauter gleiche Winkel getheilt vor, und betrachtet die zugehörenden Bogen welche Theile der genannten Peripherie sind.

§. 31. Zusätze (Fig. 4.)

1) Zieht man die Axe AQ des Kugelkreises DPEQ, so wird der ebene Winkel DQP, auch vom Bogen DP gemessen (G), weshalb wiederum auch der ebene Winkel DQP, das Maaß des sphärischen Winkels DAP ist.

2) Da die Winkel AQD und AQP rechte Winkel sind (E; AQ als Axe senkrecht auf der Ebene DPEQ), so ist ∠ DQP das Maaß des Flächenwinkels, den die Ebenen der Schenkel (§. 28, 2) des Winkels DAP mit einander bilden (E).

3) Stellt man sich in den erweiterten Ebenen der Schenkel, im Puncte A die Tangenten AV und AW zu den Schenkeln AP und AD gezogen vor; so ist auch ∠ WAV, das Maaß des Flächenwinkels der Schenkelebenen, also ∠ WAV = ∠ DQP (E). Man kann ∠ WAV: den Tangentenwinkel des Winkels DAP nennen.

4) Es kann daher auch ∠ WAV so wie ∠ DQP, als Maaß des sphärischen Winkels DAP, vollständig dienen, und weil die Tangenten im Berührungpuncte mit den Bogen zusammenfallen, so sagt man auch oft: der sphärische Winkel DAP und der ebene ∠ WAV seien gleich, ein zwar uneigentlicher Ausdruck, doch ist sein Gebrauch von Vortheil für die Ausmittelung der Größe der sphärischen Winkel, zumal dieser Ausdruck keinen Irrthum hervorbringen kann.

5) Aus diesen Gründen redet man auch von rechten, spitzen, stumpfen, *) gelegten, concaven und convexen sphärischen Winkeln, in demselben Sinne, wie diese Benennungen bei den ebenen Winkeln gebraucht, daher ihre Bedeutungen hier vorausgesetzt werden.

6) Man theilt nun auch die sphärischen Winkel in

*) Spitze und stumpfen gemeinschaftlich: schiefe Winkel.

gleiche Theile, die, in so fern sie bestimmte Theile der sämmtlichen um den Punct A liegenden Winkel sind, Grade heißen, und behält die angenommene Theilung in 360 Grade, für die sämmtlichen Winkel um einen Punct, gleichwie bei den ebenen Winkeln, bei. Der Grad wird dann ferner in 60 gleiche Theile, die Minuten heißen, die Minute in 60 Secunden (deren Theile man als Dezimalsecunden anzugeben pflegt) getheilt, und die Bezeichnungen dafür, wie bei den ebenen Winkeln beibehalten; also z. B. geschrieben $24^{0}\ 6'\ 9''$, 75.

7) Nun ist auch deutlich in welchem Sinne man sagen kann: der sphärische Winkel DAP, sei gleich dem Bogen DP; da nemlich beide gleich viele Grade u. s. w. haben. Sonst ist der Ausdruck wiederum uneigentlich, wobei das in Nr. 4. Gesagte zu merken ist.

8) Einfach herzuleiten und ganz analog wie in der Geometrie der Ebene zu beweisen, sind nun mehrere Sätze für die sphärischen Winkel, die auch hier als erwiesen angenommen werden; nemlich:

a. Rechte sphärische Winkel sind einander gleich.
b. Sphärische Nebenwinkel sind zusammen gleich zwei rechten (2 R).
c. Die Summe der um einen Punct auf der Kugelfläche befindlichen sphärischen Winkeln, ist 4 R.
d. Sphärische Scheitelwinkel sind einander gleich.
e. Gleiche sphärische Winkel haben gleiche Nebenwinkel.
f. Gleiche sphärische Nebenwinkel sind rechte Winkel.

Und dgl. Sätze mehr.

9) Eben so bedient man sich des Ausdrucks: ein sphärischer Bogen stehe auf einem andern senkrecht oder perpendikulär, er sei ein Perpendikel, er stehe schief u. s. w., ganz analog dieser Bedeutung bei geraden Linien in der Geometrie der Ebene.

10) Werden zwischen den Schenkeln eines sphärischen

Winkels, Bogen von Parallelkreisen gelegt, z. B. beim Winkel GAS die Parallelkreisbogen DP, NH, GS u. s. w.; so sind diese Bogen sämmtlich ähnlich (G), d. h. die zu ihnen gehörenden Centriwinkel DQP, NOH, GCS u. s. w. sind einander gleich; wie dies in Nr. 2. des Paragraph's und in dem Begriffe ähnlicher Bogen liegt (G).

11) Polarwinkel (§. 28, 3) sind einander gleich. Denn: die zugehörenden Tangentenwinkel (Nr. 3.) sind, indem sie beide Maaß des, zum sphärischen Winkel gehörenden Flächenwinkel der Normalkreisebenen, also gleiche Winkel sind, ebenfalls gleich, was daher auch von ihren sphärischen Winkeln gilt (Nr. 4).

12) Aus dem in Nr. 7 angeführten Gebrauche und den genannten Gründen, vergleicht man auch häufig sphärische Winkel und Bogen in so fern, *) ob sie beide größer oder beide kleiner als 90 ihrer Grade sind. Dann nennt man einen Winkel mit einem Bogen gleichartig, wenn beide entweder über oder beide unter 90° sind; ist einer größer der andere kleiner 90°, so heißen beide ungleichartig. Auch trägt man wol die, den Winkeln zukommenden Benennungen spitz und stumpf, so wie concav und convex, auf die Bogen über, und sagt: ein Winkel und ein Bogen sind von gleicher oder von ungleicher Art, je nachdem sie beide stumpf oder beide spitz sind, oder wenn der eine stumpf und der andere spitz ist. Die Benennung: ein Winkel und ein Bogen sind von gleicher Gattung, wenn sie beide concav oder beide convex sind, oder sie sind von ungleicher Gattung, wenn der eine concav und der andere convex (klei-

---

*) Ein Verhältniß zwischen Winkeln und Bogen, ist, da sie ungleichartige Größen sind, nicht möglich.

ner und größer 180°) ist; ist seltener, mag aber hier angeführt sein. Auch zwei Bogen nennt man in jenem Sinne, so wie zwei Winkel unter sich, gleich- und ungleichartig.

13) Aus diesen Gründen kann man auch sagen: ein Winkel und ein Bogen ergänzen sich zu einer bestimmten Anzahl Grade gegenseitig.

14) Steht im Quadrant NA senkrecht auf einem Normalkreisbogen NH, *) so ist A der Pol des Bogens NH. — Denn: ist NA = 90°, so auch ∠ AON = 90°, und da der Neigungwinkel der Ebenen AON und NOH, recht sein soll, so ist der Winkel, den AO mit einer durch O in der Ebene NOH (oder deren Erweiterung), senkrecht auf der NO zu ziehenden Linie macht, dieser rechte Neigungwinkel (E), folglich steht AO, der zwei rechten Winkel wegen, senkrecht auf der Ebene NOH (E), und daher ist OA als Radius die Axe, mithin A der Pol des Bogens NH.

15) Die vom Pole A eines beliebigen Kugelkreises DPE, nach beliebigen Puncten der Peripherie desselben zu legenden Bogen, stehen alle senkrecht auf dieser Peripherie. **) — Denn: zieht man z. B. Bogen AP, so ist für die Axe AQ, weil diese senkrecht auf der Ebene DQP steht, ∠ AQP, so wie jeder Winkel der AQ mit einer durch Q in der Ebene DQP zu ziehenden Linie, recht, daher auch der Winkel der AQ mit der durch Q senkrecht auf QP zu ziehenden Linie, wel-

---

*) D. h. nach Nr. 4: die Ebene des Quadranten, steht senkrecht auf der zum Bogen NH gehörenden Normalkreisebene.

**) Der Begriff des sphärischen Winkels, ist hier gleichsam erweitert, indem DP nicht weiter ein Normalkreisbogen ist. Auch kann man Bogen NH wählen.

cher Winkel der Neigungwinkel der Ebenen AQP und DQP ist (E), d. h. ∠ APD ist **recht**.

§. 32. Aufgabe (Fig. 3).

Vom Puncte S auf der Kugelfläche, einen senkrechten Bogen nach den Normalkreisbogen AK zu fällen.

Auflösung. Fälle von S auf die zum Bogen AK gehörende Normalkreisebene AKB, einen Perpendikel SU (E), verbinde den Kugelmittelpunct O mit dem Puncte U, und verlängere OU bis zur Peripherie in T; so ist T der Punct, wohin der von S nach dem Bogen AK zu fällende Perpendikelbogen, jenen Bogen trifft. Man lege also durch S und T, den möglichen Normalkreisbogen ST, so ist dieser der gesuchte senkrechte Bogen.

Beweis. Da SU senkrecht auf der Ebene AKB (laut Construction) steht, so steht auch die durch SU zu legende Normalkreisebene, senkrecht auf der AKB (E). Diese Ebene muß aber die, dem Bogen ST zugehörende Ebene sein, da die eine durch O und U, die andere durch O und T geht, also beide durch die Linie OT gehen. Es ist also der Neigungwinkel beider Ebenen gegen einander ein **rechter** Winkel, und daher der Bogen ST, senkrecht auf dem Bogen AT (§. 31, 9 und 4). W. z. b. w.

Zusatz 1. Ueber die Auflösung der Aufgabe: auf einem Bogen in einem bestimmten Puncte einen anderen Bogen senkrecht zu **errichten**; ist wol kaum noch etwas Näheres hier zu sagen nöthig.

Zusatz 2. Errichtet man auf einen Normalkreisbogen AH, zwei senkrechte Normalkreisbogen NA und HA; so schneiden sich diese im Pol des Bogens NA. — Denn: da beide Ebenen der Bogen, senkrecht auf der Ebene durch NH, d. h. senkrecht auf der Ebene NHMK stehen,

stehen, so steht auch ihre gemeinschaftliche Durchschnittlinie, senkrecht auf der Ebene durch NH (E); diese Durchschnittlinie ist aber ein Durchmesser (§. 12, 2), daher hier die Axe der Ebene durch NH, die Endpuncte also die Pole, daher der Punct A als Durchschnittpunct, Pol ist. — Daß AN und AH Quadranten sind, folgt nun bereits aus §. 20, 2.

§. 33. Lehrsatz (Fig. 5.)

Das Maaß eines spitzen sphärischen Winkels NDA, ist der Bogen SP des Normalkreises, den man durch die beiden Pole S und P der Schenkelebenen ADBC und NDMC legen kann, welcher Bogen zugleich kleiner als ein Quadrant ist.

Beweis. Da der Normalkreis NBF, durch die Pole beider Schenkelebenen geht, so steht er auf beiden Ebenen senkrecht (§. 14) *), also auch diese beiden Ebenen, mithin auch deren Durchschnittlinie CD, senkrecht auf dem Normalkreise NBF. Es sind daher die Winkel DOA und DON, rechte Winkel, mithin die Bogen DA und DN Quadranten, also gleich; daher Bogen AN, als aus D mit dem Zirkelbogen DA oder DN beschrieben anzusehen, und folglich Bogen AN das Maaß des Winkels NDA (§. 30). Nun steht aber die Axe PF senkrecht auf der Ebene NM, also ist ∠ PON = R, und eben so ist ∠ SOA (indem SE als Axe für die Ebene AB, senkrecht auf dieser steht) recht; also sind die Bogen PN und SA, auch Quadranten, und als solche gleich. Zieht man von diesen beiden Bogen, den gemeinschaftlichen Bogen SN

*) Als Normalkreis muß er, sobald er durch einen Pol geht, auch durch den andern Pol, der Axe wegen, gehen.

ab, so bleibt Bogen SP = Bogen AN. Daher ist auch Bogen SP das Maaß des Winkels NDA. — Da auch Bogen SF zwischen beiden Polen sich befindet, so ist im Lehrsatze zur Bezeichnung des Bogens SP, gesagt: daß der Bogen gemeint sei, welcher kleiner als ein Quadrant (SP < NP) ist. — W. z. b. w.

Zusatz 1. Der Bogen SF ist das Maaß des stumpfen Winkels NDB. — Folgt theils daraus, daß ∠ NDA und ∠ NDB sich zu 2 R, Bogen SP und Bogen SF sich aber zur halben Peripherie ergänzen (der Lehrsatz voraus gesetzt, die Behauptung also in sich schließt); theils kann man den Beweis eben so, wie im Lehrsatze für den spitzen Winkel geschah, führen, indem Bogen NPB, das Maaß des Winkels NDB, und Bogen BPN = Bogen SAF ist (jeder dieser Bogen ist Bogen SN + einem Quadranten).

Zusatz 2. Daß eben so Bogen FE, das Maaß für ∠ NDA ist, oder allgemein beide Bogen SP und FE zu Maaßen für die beiden (als Scheitelwinkel gleichen) Winkel NDA und BDM, so wie für die Winkel NCA und BCM (welche als Polarwinkel jenen Winkeln gleich sind) dienen; ist einleuchtend. Dasselbe gilt für die Bogen PBE nnd SAF, in Beziehung zu den vier stumpfen Winkeln, welche die Nebenwinkel der genannten spitzen Winkel sind.

Zusatz 3. Zwei Kugelkreise IK und GH, welche dieselben Pole als jene Normalkreise haben, ihnen also wechselseitig parallel gehen (§. 17), haben auch dieselbe Neigung gegen einander, wie die erwähnten Normalkreise. Daher dient der Bogen PS, auch als Maaß für die Neigung jeder zwei Kugelkreise, welchen wechselseitig die Pole P und S (zu einer Seite) zukommen.

Zusatz 4. Der rechte sphärische Winkel, hat zu seinem Maaß einen Quadranten, der, in so fern er der im Lehrsatz bezeichnete Bogen ist, *) mit seinen Endpuncten in den Schenkelebenen des rechten Winkels endigt. Denn beim rechten sphärischen Winkel, stehen die Schenkelebenen wechselseitig senkrecht auf einander (§. 31, 2), daher jede durch die Pole der anderen geht (§. 15, Zusatz 1).

Zusatz 5. Da der Winkel SOP, auch den Bogen SP zum Maaß hat, so kann man auch sagen: der sphärische Winkel NDA ist gleich dem, von seinen Axen (am Mittelpuncte der Kugel) gebildeten geradlinigten Winkel (§. 31, 4).

§. 34. Erklärung.

Jeder von Kreisbogen begrenzte Theil der Kugelfläche, heißt eine sphärische Figur. Insbesondere meint man aber nur die, von Normalkreisbogen begrenzten Flächen, wenn von Figuren die Rede ist. Die Bogen heißen dann Seiten der Figuren, und ihre Menge bildet, wie in der Geometrie der Ebene, den Namen der Figur, so wie die dort üblichen Benennungen, als: Stücke, Umfang (Perimeter), congruente und reguläre Figuren, Diagonalen, Polygone u. s. w. hier in gleichem Sinne gebraucht, und als bekannt vorausgesetzt werden.

§. 35. Zusätze.

1) Zwei Normalkreise theilen die Kugeloberfläche stets in vier ganz begrenzte Theile, indem die Bogen die beiden Endpuncte des Durchschnittdurchmessers (§. 12, 2) gemeinschaftlich haben, also vier Halbkreise auf der Kugelfläche entstehen, welche zu je zwei und zwei, jene vier Flächen begrenzen.

---

*) Als Maaß eines rechten Winkels, kann der Quadrant auch jedem anderen Kugelkreise angehören (§. 30.)

2) Jede jener vier Flächen (Nr. 1.) heißt ein sphärisches Zweiseit oder ein Kugelstreifen. Die Seiten desselben sind also als Halbnormalkreise, einander gleich, und eben so die zwei Winkel als Polarwinkel (§. 31, 11); z. B. ADBHA in Fig. 4. ist ein Zweiseit.

3) Sphärische Zweiseite sind congruent, wenn sie einen gleichen Winkel haben. — Die gegenseitige Deckung beider, da auch ihre Seiten und zweiten Winkel einander gleich sind, ist sogleich deutlich.

4) Das sphärische Zweiseit ist durch einen seiner Winkel schon ganz bestimmt (Nr. 3).

5) Zweiseite verhalten sich zu einander, wie die sie bestimmenden Winkel. Denn, ist ein sphärischer Winkel v, in dem Winkel des einen Zweiseit n Mal, im Winkel des anderen m Mal enthalten, so enthält das eine Zweiseit n gleiche Zweiseite vom Winkel v, das andere m solche gleiche Zweiseite (Nr. 4.); beide verhalten sich also wie n : m zu einander, d. h. wie ihre Winkel (für welche laut Annahme dies Verhältniß statt fand).

6) Das Zweiseit Z, verhält sich also zur Kugeloberfläche K, wie sein Winkel W zu 4 R Winkeln; also $K : Z = 4R : W$, wonach zu setzen ist $Z = \frac{W}{4R} \cdot K$. Statt des Verhältnisses der Winkel in No. 5, so wie hier statt 4 R, kann man aber auch das Verhältniß von Bogen setzen, die man mit denselben Zirkelbogen aus ihren Scheiteln zwischeu ihren Seiten beschreibt (§. 30), wo dann die ganze Peripherie zu der solcher Bogen gehört, in der Proportion homolog 4 R ist.

§. 36. Lehnsätze und Erklärungen (Fig. 6).

1) Werden auf der Kugelfläche drei Puncte (nur nicht in der Peripherie eines Normalkreises liegend)

beliebig angenommen, und durch zwei und zwei, Bogen größter Kreise gelegt, so entsteht ein sphärischer Triangel, wie z. B. Δ ABC. — Auch Bogen kleinerer Kugelkreise, können einen sphärischen Triangel bilden, doch werden diese hier nicht betrachtet. Eben so kann man sphärische Vielseite bilden, wobei auch stets die Annahme sein soll, daß die Bogen (Seiten) zu Normalkreisen gehören.

2) Stellt man sich eine Seite, z. B. die CB, zum Normalkreise ergänzt vor, und ist CBHIFK (oder blos CHF genannt) dieser Normalkreis; so liegt der dritte Winkelpunct A, zu einer Seite desselben, und es sind die Bogen CKIB, AC und AB, auch drei, durch die Puncte A, B und C gelegte Normalkreisbogen, bilden also auch einen sphärischen Triangel. — Dieser Triangel unterscheidet sich wesentlich vom zuerst betrachteten Triangel CBA dadurch, daß eine seiner Seiten, die CKIB, größer als ein halber Normalkreis ist, dagegen beim Δ BCA, alle Seiten kleiner als die halbe Kreispheripherie sind.

3) Aus Betrachtuug der Kugelfläche, ergiebt sich in Verbindung mit Nr. 2. einfach, daß man keinen sphärischen Triangel bilden kann, wo mehr als eine Seite größer als ein halber Normalkreis ist; denn zwei, oder gar alle drei Ergänzungen der Seiten des Triangels ABC betrachtet, begrenzen keine Fläche die man einen Triangel nennen könnte.

4) Die beiden hiernach bleibenden Arten von sphärischen Triangeln, sind also die einzig möglichen in jener Beziehung (Nr. 3). Von ihnen wird künftig aber blos der Triangel betrachtet, wo jede Seite kleiner als ein halber Normalkreis ist; der andere Triangel führt den Namen Aftertriangel, und diese Benen-

nung ist, wenn von ihm die Rede sein soll, stets bei zu setzen.

5) Ein Triangel und sein Aftertriangel, bilden zusammen die halbe Kugelfläche (daher der Aftertriangel auch wol Supplementtriangel genannt wird. — Siehe §. 41, Zusatz). Jeder von ihnen bestimmt den anderen Triangel; denn: zwei Seiten sind in beiden dieselben, die dritten Seiten beider ergänzen sich zur Normalkreisperipherie, zwei Winkel in beiden sind gegenseitig Nebenwinkel (ergänzen sich also zu 2 R), und die dritten Winkel (bei A) ergänzen sich zu 4 R. — Es ist also höchst einfach, durch einen ganz bestimmten Triangel, auch seinen Aftertriangel genau zu kennen.

6) Ein sphärischer Triangel *) kann nur concave Winkel haben. Denn: könnte ein Winkel gelegt (d. h. gleich 2 R) sein, so würden die zwei, ihn als Schenkel begrenzenden Seiten, in eine Normalkreisperipherie fallen, welche sich mit der dritten Seite, nur in einen Durchmesser der Kugel schneiden könnten (§. 12, 2), und es entstände ein sphärisches Zweiseit (§. 35, 2) statt eines Triangels; und könnte ein Winkel convex sein, so wäre ein Theil von ihm gelegt, und die diesem Theile gegenüberliegende Seite wäre, wie eben gezeigt eine Zweiseitsseite, daher für den convexen Winkel ein Bogen, noch größer als die Zweiseitsseite sich ergeben müßte, folglich einem Aftertriangel angehörte, von dem hier nicht die Rede sein soll. Mit einem convexen Bogen (§. 31, 12) hängt also ein convexer gegenüberliegender Winkel, so wie mit diesem Winkel, jener Bogen zusammen.

7) Die Winkel eines sphärischen Triangels, können aber alle spitz, alle recht, alle stumpf, oder ein-

*) Der Nr. 4. erwähnte ist nunmehr stets gemeint.

zeln, so wie zu zweien, jede dieser Beschaffenheiten concaver Winkel haben. Es ist dienlich und leicht, sich schon vorläufig mit der Möglichkeit hiervon bekannt zu machen, während erst in den folgenden Lehren, die näheren Modificationen in Hinsicht der Größen der einzelnen Winkel, vorgetragen werden.

8) Ein sphärischer Triangel heißt rechtwinklich oder stumpfwinklich, jenachdem er nur einen rechten oder nur einen stumpfen Winkel hat; sind alle drei Winkel spitz, so heißt er spitzwinklich, hat er keinen rechten Winkel, so heißt er allgemein schiefwinklich. Andere Beziehungen unter den Winkeln (z. B. einen stumpfen, einen rechten und einen spitzen), müssen speciell angegeben, oder wenigstens keine der obigen Benennungen ausschließlich gebraucht werden, oder es ist vorher anzuzeigen, daß andere Beziehungen als gleichgültig anzusehen sind. *) Ist von einem Triangel im Allgemeinen die Rede, so versteht es sich, daß man ihn schiefwinklich annimmt, und dann jeder jener besonderen Triangel, denen für den allgemeinen Triangel bewiesenen Gesetzen, unterworfen ist, und jener angenommenen Allgemeinheit kein Eintrag geschieht, wenn ein besonderer Triangel, sich bei gewissen Annahmen, z. B. als ein rechtwinklicher Triangel ergiebt. Die beiden, den rechten Winkel einschließenden Seiten, führen auch beim rechtwinklich sphärischen Triangel, den Namen Katheten, und die dritte Seite heißt Hypothenuse.

9) In Hinsicht der Seiten, theilt man die sphärischen Triangel (wie die ebenen) in gleichseitige,

*) Redet man z. B. von rechtwinklichen Triangeln im Allgemeinen, so kann solcher Triangel in besonderen Fällen auch wol einen stumpfen, oder zwei rechte Winkel u. dgl. m. haben.

gleichschenkliche und ungleichseitige (welche Benennungen hier als bekannt vorausgesetzt werden).

10) Ist eine Seite eines sphärischen Triangels ein Quadrant, so heißt der Triangel ein Quadrantentriangel.

11) Stellt man sich nach dem Mittelpuncte der Kugel, von den Winkelspitzen eines Triangels aus, die Radien gezogen, und durch je zwei derselben die entsprechenden Sectoren gelegt vor; so erhält man am Mittelpuncte der Kugel eine körperliche dreikantige Ecke (E), welche durch den sphärischen Triangel völlig bestimmt ist. Eben so ist aber auch für eine solche ursprünglich angenommene Ecke, ein bestimmter sphärischer Triangel vorhanden. Nun ergiebt sich einfach, daß die zur Ecke gehörenden Centriwinkel, mit den entsprechenden Seiten des Triangels, gleich viele Grade haben, daher beide gegenseitig Maaße von einander sind, und daß je zwei und zwei der, die Ecke bildenden Seitenflächen zu ihrem Neigungwinkel, den entsprechenden Winkel des sphärischen Triangels haben (Vergleiche §. 31, 4). — Der von den sphärischen Triangeln und den zugehörenden Sectoren begrenzte Körper, heißt eine dreiseitige sphärische Pyramide. *) — Für jedes sphärische Polygon, ergiebt sich auf gleiche Weise eine bestimmte Ecke am Mittelpuncte der Kugel, für deren Beziehung zum Polygon, die eben gemachten Bemerkungen, in gleicher Art gelten.

12) Der, durch die drei Winkelpuncte eines sphärischen Triangels zu legende ebene Triangel, heißt der Sehnentriangel des sphärischen Triangels. (Vergl. §. 7, 6).

---

*) Bei Kenntniß der Stereometrie, wird die Aehnlichkeit jenes Körpers mit der gemeinen Pyramide, deutlich sein.

Anmerk. Schon die ersten Bemerkungen dieses Paragraphs, zeigen eine große Verschiedenheit zwischen sphärischen und ebenen Triangeln, während auch manche analoge Sätze, schon hier erkennbar sind. Die folgenden Lehrsätze werden dergleichen Verschiedenheiten und Analogien noch manche zeigen, und so der sphärischen Geometrie einen neuen Reiz dem Anfänger gewähren, welcher auf diese Beziehungen stets Rückblicke zu thun hat.

§. 37. Lehrsatz.

Im sphärischen Triangel ist die Summe zweier Seiten, größer als die dritte Seite.

Beweis. Man stelle sich die, dem Triangel entsprechende Ecke am Mittelpuncte der Kugel vor (§. 36; 11), so ist die Summe zweier Winkel der Ecke, größer als der dritte Winkel (E), was daher auch wieder von den Seiten des Triangels, deren Maaß jene Winkel sind, gelten muß. W. z. b. w.

Zusatz. Die Differenz zweier Seiten, ist immer kleiner als die dritte Seite. — Folgt aus dem eben Bewiesenen, da ganz allgemein, wenn von drei Größen a, b und c, stets die Summe zweier größer als die dritte Größe ist ($a+b>c$, $a+c>b$, $b+c>a$), auch die Differenz zweier, immer kleiner als die dritte sein muß ($a>c-b$, $a>b-c$, $b>a-c$, $b>c-a$, $c>a-b$ und $c>b-a$; wo die Differenzen gehörig zu nehmen sind).

§. 38. Lehrsatz. (Fig. 7).

Wenn zwei Kugelkreise AB und CD, im Puncte O einander berühren, so liegen ihre Pole N und M, und der Berührungpunct, in der Peripherie eines Normalkreises. *)

---

*) Man könnte diesem Satze einen eigenen Satz, mit einer Erklärung über berührende Kreise auf der Kugel, so wie einen Satz über die Möglichkeit berührender Kreise, vorhergehen

Beweis. Gesetzt der durch die Pole N und M zu legende Normalkreis, ginge nicht durch O, sondern wie NEFM; so lege man durch die Pole und durch O, wechselseitig die Normalkreisbogen NO und MO, so entsteht ein sphärischer △ NOMFEO (oder blos NOM genannt). Nun ist NO = NE (§. 19) und eben deshalb MO = MF, also NO + OM = NE + FM, und daher NO + OM < NE + FM + EF, d. h. NO + OM < NEFM, was §. 37 widerspricht. Es kann also der Normalkreisbogen durch N und M, nicht anders als durch O gehen. Daß er auch durch die zweiten Pole gehen muß, ist für sich deutlich. W. z. b. w.

§. 39. Lehrsatz (Fig. 6).

Die Summe der Seiten eines sphärischen Triangels, ist kleiner als die Peripherie eines Normalkreises.

Beweis. Man ergänze zwei Seiten des Triangels ABC, zu Halbnormalkreisen, d. h. bis sie sich schneiden (§. 12, 2); dies geschieht im Puncte F, so daß BAGF und BCKF, die beiden Halbnormalkreise sind *). Man erhält hierdurch einen zweiten sphärischen Triangel $\underline{C}K\underline{F}G\underline{A}C$, **) in welchem

---

lassen; beide Sätze wären aber völlig analog den Sätzen über berührende Kreise in der ebenen Geometrie.

*) Der Kreis KGHD, dient gleichsam nur zur Begrenzung der sichtbaren von der unsichtbaren Halbkugel (Anmerk. am Ende der Seite 4). Es liegt also F auf der entgegengesetzten Halbkugel; die Puncte G und K brauchen eigentlich gar nicht genannt zu werden, doch geschieht dies zur Deutlichkeit der Bezeichnung.

**) Die unterstrichenen Buchstaben sind die Scheitel der Winkel des Triangels, zur Deutlichkeit werden die anderen Buchstaben mit genannt, da die Benennung: △ ACF, den Triangel schwer auffinden läßt.

$$
\begin{array}{lrl}
 & \text{Seite CKF} + \text{Seite AGF} & > \text{Seite AC (§. 37)} \\
\text{da aber} & \underline{\text{Seite CB} + \text{Seite AB}} & \underline{= \text{S. CB} + \text{S. AB},} \\
\text{so ist auch} & \text{CKF} + \text{CB} + \text{AGF} + \text{AB} & > \text{AC} + \text{CB} + \text{AB} \\
\text{d. h.} & \text{BCKF} + \text{BAGF} & > \text{AC} + \text{CB} + \text{AB} \\
\text{oder} & \text{Normalkreis} & > \text{AC} + \text{CB} + \text{AB}.
\end{array}
$$

W. z. b. w.

Zusatz. Die Grenzen der Summe der Seiten eines sphärischen Triangels, sind Null und 360°; d. h. man kann einen Triangel bilden, der so klein ist, daß die Summe der Seiten fast verschwindet, wenn man nemlich die Winkelpuncte sehr nahe aneinander annimmt; dann aber kann man sich auch wieder bis fast zur Peripherie eines Normalkreises um jede Größe, der Summe der Seiten nähern, wie eben so einfach einzusehen ist.

Anmerk. Die beiden Triangel ABC und CKFGAC, bilden zusammen den Kugelstreif BGFKB.

§. 40. Lehrsatz (Fig. 8 und 9).

Wenn man für einen sphärischen Triangel einen zweiten Triangel construirt, dergestalt, daß die Scheitel der Winkel des ersten Triangels, die Pole der Seiten des zweiten Triangels wechselseitig werden; so sind die Scheitel der Winkel des zweiten Triangels, auch wiederum wechselseitig die Pole der Seiten des ersten Triangels.

Beweis. Um für Δ ABC *) als ursprünglichen oder ersten Triangel, den abgeleiteten oder zweiten Triangel, wie der Lehrsatz ihn bestimmt, zu erhalten; trage man von jeder Winkelspitze des Triangels, auf die Seiten des Triangels, Quadranten auf, verlängere

*) Beide Figuren entsprechen der Behauptung, man betrachte aber nur die Figur 8. zunächst, und sehe den Zusatz zu diesem §.

also, im Falle die Seiten kleiner als Quadranten sind, dieselben bis zu dieser Größe. Nimmt man also beim △ ABC, die Seiten kleiner als Quadranten an, so sei AM = AN = CG = CK = BH = BI = einem Quadranten gemacht. Legt man durch M und N, durch G und K, so wie durch H und I, Normalkreisbogen, so schneiden sich diese in den Puncten F, D und E, und △ DEF ist der gesuchte Triangel, indem unmittelbar nach §. 24, die Scheitel A, B und C, wechselseitig Pole der Seiten DE, FE und DF sind. — Um aber zu zeigen, daß auch F Pol der Seite BC, so wie E Pol der AB, und D Pol der AC ist; denke man sich die Bogen, von den Scheiteln der Winkel des ersten Triangels, nach den Scheiteln der Winkel des zweiten Triangels gelegt; so sind nach §. 20, 2, alle diese Bogen, als BF, BE, AD, AE, CF und CD, Quadranten. Nach §. 24 ist aber nun wiederum F der Pol der Seite BC (weil FB und FC Quadranten sind, und eben deshalb:), E der Pol für die Seite AB, und D der Pol für die AC. W. z. b. w.

Zusatz 1. Sind die drei Seiten des ersten Triangels, größer wie Quadranten, so ist leicht zu sehen, daß der zweite Triangel ganz innerhalb des ersten fällt, so wie er theils innerhalb theils außerhalb des ersten Triangels fällt, wenn die Seiten theils größer theils kleiner als Quadranten sind, wie Figur 9 zeigt, wo für △ ABC, der abgeleitete △ DEF entsteht, wobei die Buchstaben, genau der Bezeichnung in Fig. 8 correspondiren. — Wären die Seiten alle, oder nur zwei oder eine, Quadranten, so läßt sich leicht die modificirte Lage des zweiten Triangels finden.

Zusatz 2. Die beiden betrachteten Triangel, führen gegenseitig den Namen: Polartriangel; jeder von ihnen kann als ursprünglicher Triangel betrachtet werden, da alsdann der andere Triangel, der abgeleitete oder der Polartriangel wird. *)

Zusatz 3. Man nennt einen Winkel eines Triangels und eine Seite seines Polartriangels: gegenüberliegend, wenn die Winkelspitze jenes Winkels, der Pol dieser Seite ist. So liegen sich ∠ A und Seite DE, ∠ F und BC, ∠ D und AC, u. s. w. gegenüber.

§. 41. Lehrsatz. (Fig. 8 und 9).

Die gegenüberliegenden Winkel und Seiten zweier Polartriangel, ergänzen sich wechselseitig zu 180 Grad.

Beweis. An Fig. 9 mag der, auf Fig. 8 leicht zu übertragende Beweis geführt werden. **) — Da ∠ MAN den Bogen MN zu seinem Maaße hat (§. 30, Zusatz), so haben ∠ MAN und Bogen MN, gleich viele Grade. Nun ist (§. 40 u. §. 20, 2)

Bogen DN = Bogen EM = 90°, also
Bogen DN + Bogen EM = B. DN + B. EN + B. MN
= Bogen DE + Bogen MN = 180°, d. h.
Bogen DE + ∠ MAN = 180°.

Auf dieselbe Weise wird der Beweis für jede zwei andere gegenüberliegende Stücke geführt; so hat ∠ BCA d. h. ∠ KCG, mit Bogen KG gleich viele Grade, die Bogen KF und DG sind aber Quadranten, daher ihre Summe, d. h.

Bogen KG + Bogen DF = 180° oder
∠ BCA + Bogen DF = 180°.

---

*) Der Anfänger kann sich üben, den Satz an Fig. 8. nachzuweisen, indem man hier △ DEF als ursprünglichen Triangel betrachtet.

**) Ueber diese Benennung sehe man §. 31, 13.

Oder für ∠ FDE und Bogen AC:

∠ FDE oder ∠ GDN, hat mit Bogen GN gleich viele Grade,

Bogen AN = Bogen GC = 90°, daher
Bogen AC + Bogen GN = 180°, oder
Bogen AC + ∠ FDE = 180°. U. s. w.

W. z. b. w.

Zusatz 1. Polartriangel führen gegenseitig, aus dem eben bewiesenen Grunde, den Namen: Supplemententriangel (Vergl. 36, 5).

Zusatz 2. Ein rechtwinklicher Triangel, hat immer einen Quadrantentriangel (§. 36, 10), so wie dieser einen rechtwinklichen Triangel zum Polartriangel.

§. 42. Zusätze.

1) Die Summe der Winkel oder der Seiten eines Triangels, ergänzt sich mit der Summe der Seiten oder der Winkel des Polartriangels, zu 6 R. — Ist, da je zwei der gegenüberliegenden Stücke sich zu 2 R ergänzen (§. 41), von der Summe der genannten 6 Stücke, einfach deutlich.

2) Die Summe der Snpplemente zweier Winkel eines Triangels T, ist größer als das Supplement des dritten Winkels. — Denn: die Seiten des Polartriangels, sind in Hinsicht der Grade, gleich den Supplementen der Winkel des Triangels T; weil nun nach §. 37, die Summe zweier Seiten des Polartriangels (als eines Triangels) größer als die dritte Seite ist, so gilt dies auch von denen (mit ihnen gleich viele Grade habenden) Supplementen der Winkel des Triangels T.

3) Die Summe der Supplemente der Winkel eines Triangels, ist immer kleiner als 360°. — Denn: diese Summe ist in Hinsicht der Grade, gleich der Summe der Seiten des Polartriangels (§. 41),

und diese Summe ist kleiner als 360° (§. 39), daher auch jene Summe der Supplemente der Winkel des ursprünglichen Triangels, kleiner als 360° ist.

§. 43. Lehrsatz.

Die Summe der Winkel eines sphärischen Triangels, ist immer größer 2 R und kleiner 6 R.

Beweis. Die Summe der drei Winkel nebst ihrer Supplemente, ist stets 6 R (§. 31, 8, b); da nun nach Nr. 3. des vorigen §'s, die Summe der Supplemente kleiner 4 R ist, so ist die Summe der Winkel größer 2 R. Ferner: da die Summe der Seiten eines Triangels, also auch der Seiten des Polartriangels, nicht verschwinden kann, sondern eine gewisse Größe haben muß; so können die, mit diesen Seiten zusammen, 6 R bildenden Winkel des ersten Triangels (Nr. 1. vorige §.), nicht allein 6 R sein, sondern sind kleiner 6 R. W. z. b. w.

Zusatz. Die Summe der Winkel eines sphärischen Triangels, ist also keine beständige Größe. Ein sehr verschiedener Satz, vom Satze der Winkelsumme beim ebenen Triangel (Vergl. §. 39 Zusatz).

§. 44. Lehnsätze und Erklärungen (Fig. 6).

1) Wenn man die drei Seiten eines sphärischen Triangels ABC, zu ganzen Normalkreisen sich ergänzt vorstellt; so schneiden sich, je zwei und zwei derselben noch einmal, und zwar in drei Puncten, welche die zweiten Endpuncte der, zu den drei Winkelspitzen, A, B und C gehörenden Kugeldurchmesser (§. 12, 2) sind, welches in der Figur die drei Puncte E, F und I andeuten, so daß hier der Δ EFI entsteht. — Bei Betrachtung der Figur, ergiebt sich nun einfach, daß durch die wechselseitigen Schnitte der Normalkreise, die ganze

Kugeloberfläche in acht Triangel getheilt wird, welche, außer den bereits betrachteten beiden Triangeln ABC und EFI, noch folgende sechs Triangel sind: *)

1) $\triangle\ \underline{A}G\underline{F}K\underline{C}A$, 2) $\triangle\ \underline{A}G\underline{FI}MA$,
3) $\triangle\ \underline{A}M\underline{I}H\underline{B}A$, 4) $\triangle\ \underline{B}H\underline{IE}DB$,
5) $\triangle\ \underline{B}D\underline{E}L\underline{C}B$ und 6) $\triangle\ \underline{C}L\underline{EF}KC$.

2) Zu diesen acht Triangeln gehören acht Ecken am Mittelpuncte der Kugel, welche den Raum um diesen Punct ganz erfüllen (Vergl. §. 36, 11). Hätte man bei jener einen, zum $\triangle$ ABC gehörenden Ecke, die Ebenen der drei Seitenflächen über den Mittelpunct hinaus erweitert, so würden auch die acht Ecken (Nr. 1) am Mittelpuncte entstanden sein, für welche dann wiederum die acht Triangel auf der Kugelfläche, sich ergeben hätten.

3) Von jenen sieben Triangeln, welche sich außer dem $\triangle$ ABC durch das Verfahren in Nr. 1 ergeben, hat der $\triangle$ EFI gar nichts gemeinschaftlich mit dem $\triangle$ ABC, und heißt deshalb der Gegentriangel des Triangels ABC; von den sechs anderen Triangeln, haben drei **) eine Seite des Triangels ABC und eine Winkelspitze des Gegentriangels EFI, und diese heißen die Nebentriangel des Triangels ABC; die drei übrigen Triangel haben blos eine Winkelspitze mit $\triangle$ ABC gemeinschaftlich, und eine Seite des Gegentriangels EFI, und diese Triangel heißen die Scheiteltriangel des Triangels ABC.

4) Betrachtet man $\triangle$ EFI als einen ursprünglich ange=

---

*) Ueber die Bezeichnung mit den unterstrichenen Buchstaben, sehe man die Anmerk. zu Ende der Seite 42.

**) Ihre Anführnng ist nicht besonders nöthig, sie zeigen sich sogleich als die gemeinten.

angenommenen Triangel, mit dessen Seiten man die Ergänzung zu Normalkreisen vornimmt; so ist ersichtlich, daß Δ ABC der Gegentriangel des Triangels EFI ist, jene drei (in Nr. 3. zuerst betrachteten Triangel) Nebentriangel des Triangels ABC, Scheiteltriangel des Triangels EFI, und die drei Scheiteltriangel des Triangels ABC, Nebentriangel des Triangels EFI sind. — Auf ganz dieselbe Weise kann aber auch jeder der sechs übrigen Triangel, als ein ursprünglich betrachteter Triangel angesehen werden, für den es einen Gegentriangel, drei Neben- und drei Scheiteltriangel unter den übrigen sieben Triangeln giebt. (So ist z. B. für Δ AGFKCA, der Δ BHIEDB der Gegentriangel).

5) Bei der Betrachtung zweier Gegentriangel, ergeben sich folgende wichtige Sätze:

a. die Gegentriangel (Δ ABC und Δ EFI mögen die betrachteten Triangel sein) liegen in den zwei verschiedenen Halbkugeln, welche durch die Ergänzung jeder Seite des einen Triangels zum Normalkreise, entstehen. — Man stelle sich z. B. den Normalkreis ACLEIMA vor, so liegt Δ ABC in der einen, und Δ EFI in der anderen der hierdurch entstehenden Halbkugeln. — In diesen Normalkreisen, liegt jedoch von jedem der Gegentriangel, wechselseitig eine Seite, wie die Seiten AC und EI, beim eben betrachteten Normalkreise.

b. **Gegentriangel haben wechselseitig gleiche Seiten.** Denn: Bogen BAGF = Bogen AGFE (als Halbnormalkreise); wird Bogen AGF von beiden weggenommen, so bleibt Bogen BA = Bogen EF. Eben so folgt aus: Bogen CAMI = Bogen AMIE, daß (wenn Bogen AMI weggenommen wird) Bogen CA = Bogen IE ist. Endlich ist Bogen CB = Bogen IE, da Bogen CBHI = Bogen BHIF ist, und beide den Bogen BHI gemeinschaftlich haben. — Gegentriangel haben also congruente Sehnentriangel (§. 36, 12, §. 12, 3 und G).

c. Gegentriangel haben alle Winkel wechselseitig gleich. Denn: ∠ CAB = ∠ FGAMI (§. 31, 8, d), ∠ FGAMI = ∠ GEM (§. 31, 11), also auch ∠ CAB = ∠ GEM (oder ∠ FEI). Auf gleiche Weise wird, durch Scheitel- und Polarwinkel, die Gleichheit der Winkel ACB und EIF, so wie ∠ ABC = ∠ IFE bewiesen. Die Durchmesser AE, FB uno IC, verbinden die Scheitel dieser gleichen Winkel.

d. Gegentriangel haben nach derselben Ordnung alle sechs Stücke wechselseitig gleich, sind aber nicht congruent. Die Gleichheit der sechs Stücke in beiden Triangeln wechselseitig, liegt in Nr. b. und c., wie sich bei einfacher Betrachtung sogleich ergiebt. Wollte man aber eine Congruenz, d. h. gegenseitiges Ineinanderfallen der Grenzen beider Gegentriangel daraus folgern, so hindert die Natur der Kugelfläche solche Deckung. — Man stelle sich nemlich nur den Δ EFI, indem seine Seite FI in dem Normalkreise FIHCK bleibt, so an den Δ ABC geschoben vor, daß die Seite IF in die Seite CB fällt (was wegen der Gleichheit beider Seiten, Nr. 6, erfolgt), so fallen die Spitzen der gleichen Winkel wechselseitig in einander, denn I fällt auf C und F auf B. Die Triangel liegen aber noch ganz aus einander (Nr. a.). Wollte man jetzt den, nun an BC liegenden Δ FIE, gleichsam um die BC wenden, damit die Deckung durch Ineinanderfallen der dritten Winkelspitzen erfolge; so ist ersichtlich, daß die Krümmung des Bogens, so wie der Kugelfläche, solche Wendung und Ineinanderfallen ganz hindern müssen. Wollte man aber den Δ EFI, so auf den Δ ABC legen, daß die gleichen Seiten FI und BC in einanderfallen müßten, so muß der Punct I auf B, und F auf C fallen, und weil die Winkel I und B so wie F und C keineswegs gleich sind, ist auch kein Ineinanderfallen der anderen Seiten und mithin der Triangel, nothwendig die Folge. — In besondern Fällen, könnte wol $\angle I = \angle F$, also auch $\angle B = \angle C$ sein und dann eine Congruenz erfolgen, *) aber in der Allgemeinheit ist dies nicht nothwendig. Dies ist eine allerdings sehr bemerkenswerthe Eigenthümlichkeit der Sphärik, die in der Geometrie der Ebene, im analogen Falle, nicht vorkommen kann. — Ueberdies liegen sowol in Gegentriangeln so wie in congruenten Triangeln, wechselseitig gleiche Seiten und gleiche Winkel einander gegenüber, was sich aus der wechselseitigen Gleichheit aller sechs Stücke, einfach ergiebt.

6) Aus dem eben angeführten Grunde, nennt man jene Eigenthümlichkeit der Gegentriangel: die Symmetrie sphärischer Triangel. — Wenn nun von zwei (oder mehreren) sphärischen Triangeln behauptet wird,

---

*) Um so mehr da, wie leicht einzusehen ist, sphärische Triangel den allgemeineren Bedingungen der Congruenz, allerdings entsprechen können. (Siehe §. 34).

daß sie nach derselben Ordnung alle sechs Stücke (drei Seiten und drei Winkel) wechselseitig gleich haben, man aber nicht weiß, oder es unbestimmt läßt, ob die Triangel congruent oder symmetrisch sind; so sagt man: sie sind identisch, so, daß hiernach die Identität sphärischer Triangel, sowol die Congruenz als die Symmetrie, unter sich begreift.

7) Auf eine andere Weise als die Natur symmetrischer Triangel bedingt, können sphärische Triangel die nicht congruent sind, auch nicht alle sechs Stücke wechselseitig gleich haben, wie sich wiederum bei der Untersuchung: auf welche Weise diese Stücke liegen sollten, sogleich ergiebt. — Weiß man also die Identität sphärischer Triangel, dabei aber: daß die Triangel nicht congruent sind; so findet Symmetrie statt, so wie die Congruenz statt findet, wenn man weiß daß Identität aber keine Symmetrie vorhanden ist. Bei Identität aber nicht Congruenz zweier Triangel, ist daher Congruenz jedes dieser Triangel, mit dem Gegentriangel des anderen Triangels, nothwendig die Folge. —

8) Die sphärische Geometrie, untersucht nun die Bedingungen der Identität zweier sphärischen Triangel, gleichwie in der ebenen Geometrie, die Congruenz der ebenen Triangel untersucht wird. — Analogie und Verschiedenheit mit den Sätzen der ebenen Geometrie, wird dabei unverkennbar sein, und diese Sätze mit anderen abwechselnd, werden zunächst gelehrt werden.

Anmerk. Die Gleichheit des Flächenraums congruenter Triangel, ist eine nothwendige Folge ihrer Congruenz; ob symmetrische Triangel gleiche Flächen haben, ist aber erst zu untersuchen. (Siehe §. 63).

§. 45. Lehrsatz (Fig. 10).

Zwei sphärische Triangel sind identisch,

wenn zwei Seiten und der eingeschlossene Winkel, wechselseitig gleich sind.

Annahme. AB = DE, AC = DF und BC = EF.

Behauptung. Δ ABC identisch Δ DEF.

Beweis. Ist die Ordnung nicht nur, sondern auch die Richtung der gleichen Stücke in beiden Triangeln so, daß Congruenz bei beiden möglich ist; so lege man Δ ABC dergestalt auf Δ DEF, daß die gleichen Winkel bei A und D einander decken, dann fällt die Seite AB, auf die ihr gleiche Seite DE, und die AC auf die ihr gleiche DF. Da diese Seiten, Bogen gleicher Normalkreise sind, so fallen sie auf einander, und der gegebenen Gleichheit wegen, mit ihren zweiten Endpuncten ineinander, d. h. B fällt in E und C in F. Weil zwischen den zwei Puncten E und F, aber nur ein Normalkreisbogen möglich ist, so fällt auch die Seite BC in die EF, und beide Triangel congruiren. — Setzt man aber statt Δ DEF, den Δ GEF, so daß ∠ A = ∠ G, AB = GF und AC = GE ist, dergestalt, daß bei Ineinanderlegung der gleichen Winkel, nicht die wechselseitig gleichen Seiten ineinander fallen; *) so construire man den Gegentriangel DEF des Triangels GEF, und lege bei beiden eine der gleichen Seiten EF in einander; so muß dann nach dem eben Bewiesenen, Δ DEF congruent dem Δ ABC sein, denn DE = GF = AB, DF = GE = AC und ∠ D = ∠ G = ∠ A. Daher wiederum ∠ B = ∠ DEF = ∠ GFE, ∠ C = ∠ DFE = ∠ GEF, so wie BC = EF, d. h. beide Triangel sind symmetrisch. Die behauptete Identität findet daher statt (§. 44, 6). W. z. b. w.

---

*) Es müßte denn für einen besonderen, also allgemein nicht anzunehmenden Fall, AB = AC, also auch GE = GF sein.

§. 46. Lehrsatz (Fig. 10).

Zwei sphärische Triangel sind identisch, wenn eine Seite und die zwei anliegenden Winkel, in beiden Triangeln wechselseitig gleich sind.

Annahme. BC = EF, ∠ ABC = ∠ DEF, ∠ ACB = ∠ DFE.

Behauptung. Δ ABC identisch Δ DEF.

Beweis. Ist die Ordnung und Lage der wechselseitig gleichen Stücke dergestalt, daß Congruenz möglich ist, so lege man Δ ABC so auf Δ DEF, daß die gleich gegebenen Seiten BC und EF, ineinander fallen; dann fällt, der gleichen Winkel ABC und DEF wegen, BA auf ED, und eben so CA auf FD; beide Normalkreisbogen müssen sich also im Puncte D, wo die Bogen ED und FD einander schneiden, auch schneiden, daher beide Triangel congruiren. — Hindert aber die Lage der Stücke, die Congruenz der Triangel, *) ist also BC = EF, ∠ B = ∠ GFE und ∠ C = ∠ GEF; so wird wieder der Gegentriangel DEF des Triangels GEF construirt, für welchen (analog wie im vorigen §.) die Congruenz mit Δ ABC, wie eben geschah, bewiesen wird, und woraus dann die Symmetrie der Triangel ABC und GEF folgt. — W. z. b. w.

§. 47. Lehrsatz (Fig. 6).

Im gleichschenklich sphärischen Triangel, sind die Winkel an der dritten Seite, der Grundlinie, einander gleich.

Annahme. Im Δ ABC ist AB = AC.

Behauptung. ∠ ACB = ∠ ABC,

*) Wenn alle vier gegebenen Winkel einander gleich sind, so findet offenbar stets Congruenz statt.

Beweis. Man construire den Gegentriangel EFI, so ist AB = FE und AC = EI. Da nun AB = AC gegeben, so ist auch FE = EI. Weil ferner ∠ A = ∠ E ist (§. 44, 5, c), so ist Δ ABC sogar congruent dem Δ EFI, indem wegen der Gleichheit aller vier Seiten AB, AC, EI, und EF, das Ineinanderfallen der Triangel, bei Ineinanderlegung der gleichen Winkel A und E, durch nichts gehindert wird (§. 45). Legt man also EI auf BA und EF auf CA, so sind, der Congruenz wegen, die Winkel F und C einander gleich, und eben so ∠ I = ∠ B. Der Identität beider Triangel (als Gegentriangel) wegen, ist aber auch ∠ F = ∠ B und ∠ I = ∠ C; folglich auch ∠ B = ∠ C. W. z. b. w.

Zusatz 1. Hat ein sphärischer Triangel drei gleiche Seiten, so hat er auch drei gleiche Winkel. Denn: in Hinsicht je zweier Seiten, ist er alsdann gleichschenklich, also auch je zwei Winkel, d. h. alle drei Winkel, einander gleich.

Zusatz 2. Ein sphärischer Triangel mit drei ungleichen Winkeln, hat auch drei ungleiche Seiten. — Denn: bei zwei gleichen Seiten, wären auch zwei, bei drei gleichen Seiten aber alle drei Winkel, beides gegen die Annahme, gleich.

§. 48. Lehrsatz (Fig. 6).

Bei einem sphärischen Triangel mit zwei gleichen Winkeln, sind auch die denselben gegenüberliegenden Seiten, einander gleich.

Annahme. Im Δ ABC ist ∠ C = ∠ B.

Behauptung. Seite AB = Seite AC.

Beweis. Man betrachte den Gegentriangel EFI, so ist ∠ B = ∠ F und ∠ C = ∠ I. Da nun ∠ B = ∠ C, so auch ∠ F = ∠ I, oder alle vier Winkel B, C, F und I sind einander gleich. Es steht daher der Congruenz der beiden Triangel ABC und EFI (deren Identität, also Gleichheit der Seiten BC und FI, bereits bekannt ist) nichts entgegen (§. 46), und daher werden die sich deckenden Seiten, einander gleich sein, d. h. IE = BA und EF = AC. Da aber IE = AC und EF = AB ist (§. 44, 5, b); so ist auch BA = AC. — W. z. b. w.

Zusatz 1. Ein sphärischer Triangel mit drei gleichen Winkeln, hat auch drei gleiche Seiten; indem die Gleichheit je zweier Seiten, wie eben bewiesen wird.

Zusatz 2. Hat ein sphärischer Triangel drei ungleiche Seiten, so hat er auch drei ungleiche Winkel. — Denn: hätte er zwei gleiche Winkel, so müßte er auch zwei gleiche Seiten (laut Lehrs.), bei drei gleichen Winkeln aber, drei gleiche Seiten (Zus. 1) haben (beides wider die Annahme).

§. 49. Lehrsatz (Fig. 11).

Zwei sphärische Triangel sind identisch, wenn sie wechselseitig die Seiten gleich haben.

Annahme. AB = DE, AC = DF, BC = EF.

Behauptung. Δ ABC identisch Δ DEF.

Beweis. Nimmt man an, daß die Lage der Seiten in beiden Triangeln, Congruenz der Triangel zuläßt; so lege man die Seiten BC und EF congruirend in einander, dergestalt, daß die wechselseitig gleichen Seiten BA und ED, so wie CA und FD, mit denen, an der Seite BC liegenden Endpuncten, an einander zu liegen kommen. Gesetzt nun, die gleichen Seiten fielen nicht in einander, sondern Δ BAC fiele wie Δ EGF, so daß er zum Theil auf, zum Theil vom Δ EDF ab fällt; so läßt sich ein Widerspruch nachweisen, woraus dann dieses angenommene nicht congruirend Ineinanderfallen, sich als unrichtig ergiebt. Nemlich: man lege durch G und D den Normalkreisbogen GD, so sind die Triangel EGD und FGD, beide gleichschenklich (BA = ED angenommen, ist wie EG gefallen, also EG = ED; eben so mit der GF = CA = FD), also die Winkel an der GD wechselseitig in jedem der Triangel gleich (§. 47). Da also sein muß:

∠ EGD = ∠ EDG, und

∠ FGD < ∠ EGD (ersterer nur ein Theil von letzterem),

so auch ∠ EGD < ∠ EDG; und weil

∠ EDG < ∠ GDF ist, um so mehr auch

ist ∠ FGD < ∠ GDF. Diese beide Winkel sind aber gleich, da Δ FGD gleichschenklich ist. — Wollte man annehmen: der eine Winkel B wäre gleich dem ∠ DEF; so müßte, nachdem der Schenkel BA auf ED gefallen ist, auch A auf D, daher wieder AC auf DF fallen. — Ist die Congruenz, nachdem die Seiten BC und EF in einander gelegt sind, nicht möglich; so sei, statt Δ DEF der Δ EGF jetzt gesetzt, dergestalt daß BA = FG und CA = EG ist. Dann construire man den Gegentriangel des Triangels GEF, und lege diesen wie Δ EDF an Δ GEF, so daß EG = FD und FG = ED ist; dann ist nach dem eben Bewiesenen, die Congruenz der Triangel ABC und DEF, mithin die Symmetrie der Triangel ABC und EGF wieder einfach zu beweisen. — Die behauptete Identität findet also statt. W. z. b. w.

§. 50. Lehrsätze.

Auf völlig analoge Art wie es in der ebenen Geometrie geschieht, sind für den gleichschenklich sphärischen Triangel, folgende Sätze zu beweisen:

1) Ein Normalkreisbogen, welcher den

dritten Winkel eines gleichschenklich sphärischen Triangels halbirt, steht, verlängert bis zur Grundlinie, auf dieser senkrecht und halbirt sie.

Beweis. Nach §. 45. oder 46. ist die Identität der beiden entstehenden Triangel, die für diesen Fall in der Allgemeinheit nur symmetrisch aber nicht congruent werden, einleuchtend. *) Die Gleichheit der Winkel am gezogenen Bogen und der Grundlinie, folgt aus §. 44, 5, d. und daß sie rechte Winkel sind, nunmehr aus §. 31, 8, f. Eben so liegt der Grund für die Gleichheit der Theile worin die Grundlinie getheilt ist, in §. 44, 5, d.

2) Ein Normalkreisbogen, welcher die Mitte der Grundlinie eines gleichschenklichen Triangels mit der Spitze des ungleichen Winkels verbindet, steht senkrecht auf der Grundlinie und halbirt den ungleichen Winkel.

Beweis. Die Identität beider entstehenden, wiederum nur symmetrischer Triangel, ergiebt sich aus §. 49.; die Behauptung also nach denselben Sätzen wie in Nr. 1.

3) Der in der Mitte der Grundlinie errichtete senkrechte Bogen (§. 32, Zusatz), geht durch die Spitze des ungleichen Winkels.

Beweis. Die Annahme: der Bogen ginge nicht durch jenen Punct; führt durch Hülfe von Nr. 2. auf den Widerspruch: daß in demselben Puncte zwei senkrechte Bogen auf der Grundlinie möglich wären.

---

*) Wären die beiden gleichen Seiten, beide senkrecht auf der Grundlinie, so würde auch Congruenz beider Triangel statt finden.

Anmerkung. Keineswegs läßt sich der Satz hier aufstellen: daß der, von der Spitze des ungleichen Winkels auf die Grundlinie gefällte Perpendikel, die Grundlinie halbire. Einen Satz, durch welchen man die Identität der etwa entstehenden Triangel beweisen wollte (analog wie in der ebenen Geometrie), giebt es in der sphärischen Geometrie nicht.

§. 51. Lehrsatz.

Zwei sphärische Triangel sind identisch, wenn die drei Winkel wechselseitig in beiden Triangeln einander gleich sind.

Beweis. Es mögen die beiden Triangel kurz A und B heißen. Man stelle sich die, zu beiden Triangeln gehörenden Polartriangel (§. 40, Zusatz 2) vor, welche, für A durch M, und für B durch N, bezeichnet werden mögen. Aus der wechselseitigen Gleichheit der Winkel der Triangel A und B, folgt auch die wechselseitige Gleichheit der Seiten ihrer Polartriangel, als Supplemente jener Winkel (§. 41). Die Polartriangel M und N sind also identisch (§. 49), haben daher wechselseitig die Winkel gleich (§. 44, 5, d), und die Supplemente dieser Winkel sind wiederum die Seiten der Triangel A und B, also sind die Seiten dieser Triangel wechselseitig gleich, daher ihre Identität nunmehr aus §. 49 folgt. W. z. b. w.

Anmerkung. In der ebenen Geometrie, bestimmt bekanntlich wechselseitige Gleichheit der Winkel, nur Aehnlichkeit, nicht aber Congruenz der Triangel.

§. 52. Lehrsatz (Fig. 12).

In jedem sphärischen Triangel, steht dem grösseren Winkel die grössere Seite gegenüber.

Annahme. $\angle CBD > \angle BCD$.

Behauptung. $CD > BD$.

Beweis. Trage an CB nach §. 29. Zusatz 3, den $\angle CBE = \angle BCD$ an, und erweitere den Schenkel BE bis zur gegenüberliegenden Seite in Q. Nach §. 48, ist nun im Δ CBQ, CQ $=$ QB. Da ferner nach §. 37, QD $+$ QB $>$ DB ist, so ist auch QD $+$ CQ $>$ DB d. h. CD $>$ BD. W. z. b. w.

Zusatz. Der größeren Seite steht auch der größere Winkel gegenüber. — Denn: wären die, solchen Seiten gegenüberliegenden Winkel gleich, so müßten diese Seiten gleich sein (§. 48), und läge der größeren Seite von beiden, der kleinere Winkel gegenüber, so würde dem kleineren Winkel ja auch die größere Seite gegenüber liegen, was dem Lehrsatze widerspricht.

§. 53. Lehr- und Zusätze (Fig. 12).

Beim rechtwinklich sphärischen Triangel gelten folgende Sätze.

1) Sind die Katheten (§. 36, 8) größer oder kleiner als ein Quadrant, so sind die ihnen gegenüberliegenden Winkel, größer oder kleiner als ein rechter Winkel.

Beweis. Beim Δ HAG sei $\angle$ HAG recht. *) Man nehme AH $> 90^0$ an. Trägt man von A aus auf AH einen Quadranten AC, so ist C der Pol des Bogens AG (§. 31, 14). Legt man dann durch C und G den Bogen CG, so steht CG senkrecht auf AG (§. 31, 15), also ist $\angle$ CGA $=$ R, und $\angle$ HGA dann $>$ R. Nimmt man ferner den Δ FAG, in welchem AF $< 90^0$ sei, so erweitere man AF bis C, d. h. bis AC $= 90^0$ ist. Wie vorher legt man durch C (als Pol des Bogens AG) den Bogen CG, und es ergiebt sich $\angle$ FGA $<$ $\angle$ CGA, d. h. $\angle$ FGA $< 90^0$. Von der anderen Kathete ist der Beweis eben so zu führen. W. z. b. w.

*) Auch bei den folgenden Sätzen sei stets $\angle$ CAI $=$ R.

2) Auch der umgekehrte Satz Nr. 1. ist richtig.

Beweis. Ist ∠ AGH (im Δ AGH) > R, so errichte man in G den senkrechten Bogen GC (§. 32. Zusatz), dann wird der Punct C, Pol des Bogens AG (§. 32, Zusatz 2) also ist AC = 90°, d. h. AH > 90°. Eben so wird, wenn man den Δ AGF, und bei ihm ∠ AGF < 90° annimmt, der senkrechte Bogen GC errichtet, und es folgt, daß AF < AC, d. h. AF < 90° wird. W. z. b. w.

3) Die beiden Sätze Nr. 1 und 2 sind in dem einen Satz zusammen zu fassen: beim rechtwinklichen Triangel sind die Katheten mit den gegenüberliegenden Winkeln gleichartig (§. 31, 12).

4) Sind die Katheten gleichartig, so ist die Hypothenuse kleiner als 90°.

Beweis. Man nehme AF und AG zuerst beide kleiner 90°; so ist ∠ AFG < 90° (Nr. 1), also (nachdem man die Construction wie in Nr. 1 und 2 gemacht hat) ∠ GFC > 90° (§. 31, 8, b). Da aber Bogen AG = ∠ ACG (§. 30 und §. 31, 7), so ist auch ∠ ACG < 90°. Im Δ CFG ist also ∠ CFG > ∠ FCG, daher auch CG > FG §. 52; da aber CG = 90°, so ist FG < 90°. — Nun nehme man zweitens im Δ HAI, die Katheten AH und AI beide > 90° an. Legt man, nachdem AC = 90° gemacht ist, durch C und I den Normalkreisbogen CI, so ist wiederum Bogen AI = ∠ ACI, also auch ∠ ACI > 90°, daher ∠ ICH < 90°. Jedem aber nach Nr. 1, aus der Annahme AI > 90°, auch ∠ AHI > 90° folgt, ist jetzt ∠ ICH < ∠ CHI, daher im Δ ICH, wiederum (nach §. 52) HI < CI, und weil CI = 90°, so ist HI < 90°. W. z. b. w.

5) Sind die Katheten ungleichartig, so ist die Hypothenuse größer 90°.

Beweis. Im Δ HAG, sei AH > 90° und AG < 90°. Wird die Construction wie vorher, nemlich, Bogen AC = 90° gemacht, und Bogen CG gelegt; so ist Bogen AG = ∠ ACG, also auch ∠ ACG < 90°, daher ∠ GCH > 90°. Indem nun nach Nr. 1. der ∠ AHG < 90° ist, so ist ∠ GCH > ∠ CHG, folglich im Δ GCH, GH > CG. Weil nun CG = 90°, so ist GH > 90°. (Hätte man im Δ FAI, AI > 90° und AF < 90° angenommen, so würde Δ FIC der Hülfstriangel geworden sein). W. z. b. w.

6) Die Hypothenuse ist kleiner oder größer 90°, jenachdem die ihr anliegenden Winkel von gleicher oder ungleicher Art sind. — Dies folgt sogleich aus Nr. 4 und 5, da nach Nr. 3, die der Hypothenuse anliegenden Winkel, mit den gegenüberliegenden Seiten gleichartig, daher unter sich gleich- oder ungleichartig sind, jenachdem die Winkel es werden.

7) Die Sätze Nr. 4 und 5 sind auch umgekehrt richtig.

Beweis. Man nehme im Δ FAG, die FG < 90°. Indirect läßt sich nun sogleich zeigen, das AF und AG gleichartig sein müssen. Denn: wären sie ungleichartig, so müßte nach Nr. 5 die FG > 90° sein, was gegen die Voraussetzung ist. Eben so: ist HG > 90°, so können die Katheten AH und AG nicht gleichartig sein, weil bei der Gleichartigkeit dieser Katheten, die HG < 90° sein müßte (Nr. 4).

8) Ist die Hypothenuse kleiner oder größer 90°, so sind die ihr anliegenden Winkel gleichartig oder ungleichartig. Folgt wiederum durch Hülfe von Nr. 3, sogleich aus Nr. 7.

9) Einfach lassen sich nun auch folgende Sätze für

besondere Fälle beim rechtwinklichen Triangel aufstellen, die nach dem Bewiesenen ohne weitere Erläuterung deutlich sind.

a. Ist eine Kathete ein Quadrant so ist der ihr gegenüberliegende Winkel 90°, die andere Kathete dann aber gleich ihrem gegenüberliegenden Winkel.

b. Ist ein Hypothenusenwinkel (Winkel an der Hypothenuse) 90°, so ist die gegenüberliegende Kathete ein Quadrant, und wieder dann die zweite Kathete, gleich ihrem gegenüberliegenden Winkel,

c. Sind die Katheten Quadranten, so sind beide Hypothenusenwinkel 90°, also alle Winkel gleich, daher auch die Seiten alle gleich und zwar Quadranten sind. — Dasselbe erfolgt, wenn beide Hypothenusenwinkel 90° sind.

d. Ist die Hypothenuse ein Quadrant, so ist wenigstens *eine* Kathete ein Quadrant (denn: könnten *beide* Katheten *größer* oder *kleiner* als Quadranten sein, so wäre die Hypothenuse *kleiner* als ein Quadrant (Nr. 4), und könnte *eine* Kathete *größer* und die *andere kleiner* als ein Quadrant sein, so müßte die Hypothenuse *größer* als ein Quadrant sein; beide Erfolge gegen die Annahme).

Anmerkung. Die genannten Sätze lassen sich noch vermehren, und leicht aus jenen herleiten z. B. 1) Wenn die Hypothenuse und ein anliegender Winkel *gleichartig* oder *ungleichartig* sind, ist der andere Hypothenusenwinkel $<$ oder $>$ 90°. (Wäre er im 1. Falle $>$ 90°, so würde die Gleichartigkeit der beiden erstgenannten Stücke, sie seien nun $>$ oder $<$ 90°, dem Satze Nr. 6. widersprechen). 2) Ist ein Hypothenusenwinkel $<$ oder $>$ 90°, so ist der andere Hypothenusenwinkel und die Hypothenuse, von *gleicher* oder *ungleicher Art.* 3) Statt Hypothenusenwinkel, kann man in beiden eben genannten Sätzen, auch eine Kathete setzen, da nach Nr. 3. der vorigen Sätze, die Gleichartigkeit beider Größen stets statt findet. U. dgl. m.

§. 54. Lehr- und Zusätze. (Fig. 12).

Bei einem Quadrantentriangel (§. 36, 10) gelten folgende Sätze.

1) **Die Winkel welche dem Quadranten anliegen, sind gleichartig mit den ihnen gegenüberliegenden Seiten.**

Beweis. Dieser, so wie die folgenden Sätze, können entweder auf eine ganz analoge Weise wie es im vorigen §. geschah, oder durch Hülfe des Polartriangels (§. 40. Zusatz 2) als unmittelbare Folgen aus den Sätzen des vorigen Paragraphs, bewiesen werden. — Beide Arten von Beweise, mögen an diesem ersten Satze geführt werden, die übrigen Beweise aber dem Leser zu führen überlassen bleiben. I. Es sei AC ein Quadrant, also Δ ACQ ein Quadrantentriangel. Ist $\angle$ CAQ spitz, so errichte man Bogen AG senkrecht auf CA in A, und verlängere ihn, bis er in M die verlängerte CQ trifft. Da nun C der Pol des Bogens AM wird (§. 31, 14), so ist CM $= 90^\circ$ (§. 20, 2), daher CQ als $<$ CM, auch kleiner 90°. Oder: ist $\angle$ ACQ $> 90^\circ$, so mache man $\angle$ ACN $= 90^\circ$, dann ist A der Pol des Bogens CN, also AN ein Quadrant, daher AQ als $>$ AN, auch größer 90°. Auf gleiche Weise hätte man, von den Annahmen: CQ $< 90^\circ$ oder AQ $> 90^\circ$ ausgehend, auf $\angle$ CAQ $< 90^\circ$ oder $<$ ACQ $> 90^\circ$ kommen können. II. Man stelle sich den Polartriangel des betrachteten Triangels Q vor, *) so ist dieser ein rechtwinklicher Triangel R. Da nun bei diesem die Katheten mit den ihnen gegenüberliegenden

*) An Figur 8 oder 9 kann man sich dies versinnlichen.

den Winkeln stets von gleicher Art sind (§. 53, 3), so sind auch die Supplemente dieser Stücke gleichartig; diese Supplemente sind aber die Seiten und die diesen Seiten gegenüberliegenden Winkel des Quadrantentriangels.

2) **Sind beide, dem Quadranten anliegenden Seiten, oder beide-anliegende Winkel gleichartig, so ist der, dem Quadranten gegenüberliegende Winkel, stumpf.** (Man kann in Fig. 12, die Triangel ACR oder ADC zum Beweise wählen. — Will man im Δ ACR den ∠ ARC **stumpf** beweisen; so ist der in C auf AC senkrechte Bogen CN zu construiren; A wird dann Pol für CN, also CN < 90° da ∠ CAN < 90° ist. Im Δ CNR, wo ∠ N = 90° ist, ist dann ∠ CRN wieder < 90°, also ∠ CRA > 90°).

3) **Wenn die, dem Quadranten anliegenden Seiten oder Winkel ungleichartig sind, so ist der ihm gegenüberliegende Winkel, spitz.**

4) Ist der, dem Quadranten gegenüberliegende Winkel stumpf oder spitz, so sind die dem Quadranten anliegenden Seiten und Winkel gleichartig oder ungleichartig.

5) Die Erfolge welche entstehen, wenn außer dem Quadranten, noch ein oder mehrere Stücke 90° sind, sind immer einfach zu finden.

Anmerk. Auch die in der Anmerkung zum vorigen §. genannten Sätze, lassen sich leicht hier übertragen.

§. 55. Lehrsatz (Fig. 12.)

Der von der Spitze eines Winkels auf die gegenüberliegende Seite gefällte Perpendikel, fällt innerhalb oder außerhalb des Trian-

gels, jenachdem die, jener Seite anliegenden Winkel, gleichartig oder ungleichartig sind*)

Beweis. Beim Δ AKL seien die der AL anliegenden Winkel beide spitz. Gesetzt der, vom Puncte K auf die AL gefällte Perpendikel fiele, gegen die Behauptung, außerhalb des Triangels, also auf die Verlängerung der AL z. B. wie KP; so ist $\angle$ KPA $=$ R, also im rechtwinklichem Δ AKP, wo $\angle$ KAP spitz gegeben ist, wäre KP $< 90^\circ$ (§ 53, 3). Da aber auch $\angle$ KLA $< 90^\circ$ gegeben, so ist $\angle$ KLP $> 90^\circ$, und nun wäre im, gleichfalls rechtwinklichen Δ KPL, die KP $> 90^\circ$. Man stößt also auf den Widerspruch: KP $>$ und $< 90^\circ$. Es kann der Perpendikel also nicht außerhalb fallen, fällt daher innerhalb des Triangels, z. B. wie KU. — Würde man beide Winkel KAL und KLA, stumpf annehmen, so würde die Annahme: der Perpendikel fiele wie KP außerhalb des Triangels; wiederum darauf führen, daß KP als, im rechtwinklichen Δ KAP dem stumpfen $\angle$ KAP gegenüberliegend, größer 90°, als im rechtwinklichen Δ KPL dem spitzen $\angle$ KLP (weil der Nebenwinkel KLA stumpf gegeben) gegenüberliegend aber, kleiner 90° wäre. — Nimmt man nun ferner beim Δ AKS, den $\angle$ KAS $< 90^\circ$ und $\angle$ KSA $> 90^\circ$; so soll der Perpendikel von K auf AS gefällt, außerhalb des Triangels fallen. Gesetzt er fiele jetzt innerhalb des Triangels z. B. wie KT, so wäre KT, als im rechtwinklichen Δ KTA dem spitzen $\angle$ KAT gegenüberliegend, spitz, und zugleich, als im rechtwinklichen Δ KTS dem stumpfen $\angle$ KST, gegenüberliegend, stumpf; also

*) Wol zu beachten ist auch hier: daß wenn von gleich- oder ungleichartigen Stücken die Rede ist, ein rechter Winkel oder ein Quadrant, nie gemeint ist.

der obige Widerspruch erfolgt auch hier. Es fällt der Perpendikel also außerhalb des Triangels, z. B. wie KU. — W. z. b. w.

Zusatz. Ist einer der, der Seite auf welche der Perpendikel gefällt wird, anliegende Winkel recht; so ist deutlich, daß der Perpendikel in den zweiten Schenkel dieses Winkels fällt, sobald dieser Schenkel kein Quadrant ist. Ist der Schenkel aber auch ein Quadrant, so ist der zweite Endpunct, von welchem aus der Perpendikel gefällt wird, Pol der Seite; dann giebt es unendlich viele Perpendikel, theils innerhalb theils außerhalb des Triangels fallend, welche zu fällen möglich sind (Siehe §. 19 und §. 20, 2; man betrachte zur Versinnlichung Δ FAG, worin $\angle$ FAG $=$ R, AF $<$ 90°, dann den Δ ACG, worin auch AC $=$ 90° ist). Dasselbe erfolgt aus demselben Grunde, wenn beide, der Seite anliegende Winkel recht sind, wie sogleich bei Δ CAG, wo dann C der Pol für AG ist, einzusehen ist. Ist eine der anliegenden Seiten ein Quadrant, die Winkel aber schief; so entscheidet dieser besondere Fall nichts Besonderes, die Behauptung des Lehrsatzes etwa Modificirendes.

§. 56 Lehrsätze (Fig. 12.)

1) Zwei Seiten und ein, der einen von ihnen gegenüberliegender Winkel, bestimmen einen sphärischen Triangel keineswegs.

Beweis. Wenn gezeigt werden kann daß es möglich ist, zwei verschiedene sphärische Triangel, die nicht alle Stücke, aber jene im Satze vorausgesetzten Stücke gleich haben, zu construiren; so ist der Beweis geführt. Man betrachte Δ WVB, wo die Winkel an der VB schief sein mögen, übrigens soll WB ungleich WA sein. Man fälle von W einen Perpendikelbogen auf die gegenüberliegende Seite VB (§. 32), trage den Bogen

DV auf DA, so daß DP = DV wird *) und ziehe den Bogen WP. Dann sind die Triangel WDV und WDP identisch (§. 45), also WV = WP. Man hat demnach die beiden Triangel WVB und WPB, welche die Seite WB und den ∠ WBP gemeinschaftlich, die Seiten WV und WP aber gleich haben, und doch sind beide Triangel nicht identisch (BV < BP, ∠ VWB < ∠ PWB, und wenn die Winkel bei V und P nicht alle recht sind, so ist ∠ WVB ungleich ∠ WVP, wel- welcher letztere Winkel gleich ∠ WPB ist). — Es ist übrigens völlig gleichgültig, ob die Seite WB > oder < WV ist, d. h. ob der gemeinschaftliche ∠ WBP, der größeren oder der kleineren beider Seiten gegenüberliegt, wie leicht zu sehen ist, und worauf auch beim Beweise gar nicht weiter Rücksicht genommen ist. — W. z. b. w.

Zusatz. Bei der gemachten Annahme: daß die Winkel an der BV schief sein sollen; ist es nun nicht möglich, vom Puncte W einen dritten Bogen nach dem Bogen BPA zu ziehen, der gleich den Bogen WV und WP wäre, weil sonst (nach §. 21) der Punct W der Pol des Bogens BPA, also die Bogen WV u. s. w. Quadranten, oder die Winkel bei P, bei V u. s. w. recht sein müßten (gegen die Voraussetzung). Indem also die der Seite WB gegenüberliegende Winkel WVB und WPB, ungleichartig sein müssen, wird der Triangel welcher jene drei Stücke hat, sogleich bestimmt werden, wenn man nur die Art jenes zweideutigen Winkels weiß.

2) Zwei Winkel und die, dem einen von

*) Wäre △ WPB gegeben, d. h. wäre der Perpendikel innerhalb des Triangels gefallen, so hätte man DP nach DV getragen.

ihnen gegenüberliegende Seite, bestimmen keinesweges einen sphärischen Triangel.

Beweis. Betrachtet man wiederum Δ WVB, fällt (wie in Nr. 1) der senkrechten Bogen WD, macht DP = DV und zieht Bogen WP; so ist WV = WP (wie in Nr. 1) und $\angle$ WVP = $\angle$ WPV *) daher auch $\angle$ WVB = $\angle$ WPA (§. 30, 8, e). Weil nun, wenn man sich die Seiten WB und PB bis zum Schnitte in A verlängert denkt, $\angle$ WBV = $\angle$ WAP ist (§. 31, 11), so haben die beiden Triangel WVB und WPA, die Seite WV = WP, den anliegenden Winkel V = P, und $\angle$ B = $\angle$ A. Und doch sind beide Triangel nicht identisch, wenn nicht zufällig WB = PA ist, wo dann auch WB = WA u. s. w. sein müßte, was aber allgemein keineswegs zu sein braucht. — W. z. b. w.

Zusatz. Wie im Zusatze zu Nr. 1, kann man sich leicht überzeugen, daß die Zweideutigkeit bei einem Triangel unter diesen Bedingungen wegfällt, sobald man nur die Art der Seite WB oder der WA wüßte; denn bei ungeändertem Winkel B (oder A), wird jeder Bogen der mit BW (oder mit AW) gleich sein sollte, die Seite VW (oder die PW) ändern, dieses Stück also nicht in dem neuen Triangel noch liegen können.

Anmerk. 1. Ist $\angle$ WVP spitz, so ist $\angle$ WVB stumpf, und da $\angle$ WPV = $\angle$ WVP ist, so ist auch $\angle$ WVB > WPB, d. h. ein sphärischer Außenwinkel, kann größer als sein innerer gegenüberliegender Winkel sein. Aber beim Δ ACG, wo die Winkel bei A und G recht sind, ist auch $\angle$ CGB recht, also $\angle$ CGB = $\angle$ CAG, d. h. ein Außenwinkel kann gleich dem inneren gegenüberliegenden Winkel sein. Denkt man sich endlich beim Δ AHD, HA = HD, also $\angle$ HAD = $\angle$ HDA (§ 47); so ist, wenn $\angle$ CAD stumpf ist, auch $\angle$ HDA stumpf, also $\angle$ HDB spitz, folglich $\angle$ HDB < $\angle$ HAD,

*) In identischen Triangeln den gleichen (hier der gemeinschaftlichen) Seiten gegenüber liegend.

d. h. ein Außenwinkel kann kleiner als der innere Winkel sein. — Jener bekannte Satz der ebenen Geometrie vom Außenwinkel, findet also nicht unbedingt in der Sphärik statt, was wol zu merken ist.

Anmerk. 2. In §. 62, werden die Betrachtungen über die bestimmten und unbestimmten Fälle des gegenwärtigen §'s, angestellt werden.

§. 57. Lehrsatz (Fig. 13).

Nimmt man in einem sphärischen Triangel ACF, einen beliebigen Punct E an, und legt durch ihn und die Endpuncte C und F einer Seite CF, Normalkreisbogen EC und EF; so ist die Summe dieser Bogen, kleiner als die Summe der Seiten AC und AF. *)

Beweis. Man verlängere CE, bis in G die AF geschnitten wird; so ist im Δ CAG:

$CA + AG > CG$ (§ 37) und eben deshalb im Δ GEF

$EG + GF > EF$, daher auch

$CA + AG + EG + GF > CG + EF$. Nimmt man von beiden Seiten EG weg, so bleibt

$$CA + AG + GF > CE + EF \text{ d. h.}$$

$$CA + AF > CE + EF. \text{ W. z. b. w.}$$

Anmerk. Ob $\angle$ CEF > oder < $\angle$ CAF ist, läßt sich hier nicht so unbedingt wie in der ebenen Geometrie (im analogen Satze) beweisen, wobei das in der Anmerkung 1 zum vorigen §. Gesagte, zu merken ist.

§. 58. Lehrsatz. (Fig. 13.)

Ist bei einem sphärischen Triangel, die Summe zweier Winkel gleich 2 R; so ist die Summe der, diesen Winkeln gegenüberliegenden Seiten, gleich 180°. **)

---

*) Der Beweis dieses Satzes, ist ganz analog dem Beweise des entsprechenden Satzes in der ebenen Geometrie.

**) Sind beide Winkel einzeln recht, so ist der Satz längst bekannt. (§. 32. Zusatz 2).

Beweis. Es sei beim Δ ABC, $\angle$ ABC + $\angle$ ACB = 2 R. Verlängert man die Seiten AB und AC bis zu halben Normalkreisen in D, so ist auch $\angle$ ABC + $\angle$ DBC = 180°, daher $\angle$ ACB = $\angle$ DBC. Eben so zeigt man $\angle$ ABC = $\angle$ DCB. Die beiden Triangel ABC und BCD, die außer den genannten Winkeln die Seite BC gemeinschaftlich haben, sind nach §. 46 identisch *), also AB = CD und AC = BD, daher AB + AC = CD + BD. Da diese vier Seiten zusammen, die beiden Halbnormalkreisperipherien ABD und ACD, also in Summe 360° ausmachen, so ist jede jener Summen, also auch

AB + AC = 180°. W. z. b. w.

Zusatz. Auf völlig analoge Weise wird, durch Hülfe von §. 45 oder §. 49, auch der umgekehrte Satz bewiesen; nemlich: Sind zwei Seiten in Summe gleich 180°; so ist auch die Summe der gegenüberliegenden Winkel 2 R.

§. 59. Lehrsatz. (Fig. 13).

Ist in einem sphärischen Triangel, die Summe zweier Winkel größer oder kleiner 2 R; so ist auch die Summe der ihnen gegenüberliegenden Seiten, größer oder kleiner 180°.

Beweis. Gesetzt die Summe zweier Winkel sei größer 2 R, z. B. im Δ ACF, sei $\angle$ ACE + $\angle$ AFC > 2 R. Nimmt man nun zuerst an: beide Winkel seien stumpfe Winkel; so errichte man auf CF, in F und C die senkrechten Bogen FE und CF; so fallen sie (da $\angle$ EFC < $\angle$ AFC, und eben so $\angle$ ECF < $\angle$ ACF, laut Annahme, sind) innerhalb des Triangels, und ihr Schnitt E wird der Pol des

*) Und zwar hier wie leicht zu sehen, auch congruent. Da $\angle$ A = $\angle$ D ist, sind auch die Triangel nach §. 51 identisch.

Bogens CF (§. 32, Zusatz 2), daher EC = EF = 90°. Da nun nach §. 57.

$$EC + EF < CA + AF \text{ ist, so ist}$$
$$CA + AF > 180°.$$

Nimmt man aber an: der eine Winkel sei stumpf und der andere spitz (die Summe beider jedoch größer 2 R), z. B. $\angle ACF > 90°$ und $\angle AFC < 90°$; so kann man auf unendlich viele Arten, von beiden Winkeln Theile nehmen, die zusammen 180° machen *), und die beiden Bogen CE und FE ziehn, die beide innerhalb des Triangels (der genommenen Theile wegen) fallen, und sich folglich im Δ ACF irgendwo schneiden müssen. Dies geschehe in E, so ist EC + EF = 180° (§. 58), und da AC + AF > EC + EF ist, so ist auch AC + CF > 180°. **) — Auf ganz ähnliche Weise führt man den Beweis, um von der Annahme: die Summe der Winkel sei kleiner 2 R, die Folge: die Summe der Seiten ist kleiner 180°, zu erhalten. (Wählt man zur Annahme Δ ECF, so können die Bogen CA und CF es sein, die man als Hülfbogen an CF trägt, und da sie außerhalb des Triangels ACF fallen, ist wieder AC + AF = 2 R, also da EC + EF < AC + AF, wird EC + EF < 180°. W. z. b. w.

Anmerk. Sollte einer der Winkel selbst R sein, so hindert dies den Beweis in keiner Art.

§. 60. Zusätze.

1) Ist die Summe zweier Seiten eines Triangels größer oder kleiner 180°; so gilt

---

*) Ist z. B. der eine Winkel 120° der andere 80°, so nehme man von einem Winkel 110°, vom andern 70°, oder vom ersten 115° und vom andern 65°, u. dgl. m.

**) Auch im vorher angenommenen Falle, hätte man statt der beiden Perpendikelbogen, blos zwei Bogen annehmen können, die mit der CF Winkel einschließen, deren Summe gleich 2 R ist.

dies auch von der Summe der gegenüberliegenden Winkel. Denn: nimmt man an, die Summe der Winkel sei (im ersten Fall) kleiner als 2 R, so ist nach dem vorigen §., auch die Summe der Seiten kleiner 2 R, also der Erfolg gegen die Voraussetzung dieses Falls. — Bei der Summe der Winkel gleich 2 R, würde eben so die Summe der Seiten (gegen die Annahme) gleich 2 R sein (§. 58). — Eben so würden die Erfolge bei der zweiten Voraussetzung: die Summe der Seiten sei kleiner 180°, dieser Voraussetzung widersprechen, wenn man dabei die Summe der Winkel größer oder gleich 2 R setzen wollte.

Anmerk. Ist eine Seite dabei 90°, so hindert dies die Allgemeinheit des Satzes keineswegs.

2) Beim sphärischen Triangel ist daher die Summe zweier Seiten, mit der Summe der, diesen Seiten gegenüberliegenden Winkeln, stets von gleicher Gattung (§. 31, 12).

3) Die halbe Summe zweier Seiten und die halbe Summe der diesen Seiten gegenüberliegenden Winkel, ist stets von derselben Art (§. 31, 12); denn: wenn die ganzen Summen über oder unter 180° sind, sind die halben Summen über oder unter 90°.

§. 61. Lehrsatz (Fig. 14).

Zwei sphärische Triangel sind identisch, wenn sie zwei Seiten und die beiden, diesen Seiten gegenüberliegenden Winkel wechselseitig gleich haben, diese Winkel aber nicht alle recht sind.

Annahme. AC = DF, BC = EF, $\angle$ A = $\angle$ D und $\angle$ B = $\angle$ F.

Behauptung. Δ ABC identisch Δ DEF.

Beweis. Wenn die Lage bei beiden Triangeln

eine Congruenz zuläßt, so lege man Δ DEF so auf Δ ABC, daß FE und CB congruiren, so muß Bogen ED auf BA fallen. Fiele nun D nicht auf A (was, da man die Gleichheit der Seiten ED und BA nicht kennt, auch nicht sogleich zu behaupten ist), so falle D z. B. in N, also Bogen FD wie Bogen CN; dann ist Δ DEF wie Δ BCN gefallen, also auch ∠ FDE = ∠ CNB, und da ∠ EDF = ∠ CAN gegeben ist, wäre ∠ CNB = ∠ CAB. Da aber auch FD = CN ist, und FD = CA gegeben wurde; so ist auch CN = CA, also Δ CNA gleichschenklich, folglich ∠ CNA = ∠ CAN (§. 47), daher auch ∠ CNA = ∠ CNB, mithin jeder derselben, so wie auch ∠ CAN, recht. Es ist dann C der Pol für Bogen ANB, also auch ∠ B recht. War also die Annahme nicht schon: daß alle gegebene Winkel recht sein sollen, so kann D nicht auf N fallen. Auf gleichen Widerspruch würde man bei der Annahme: D fällt über A hinaus, kommen. Also fällt D auf A, daher DF wie AC, d. h. Δ DEF ist congruent Δ ABC. Würde die Lage der Triangel, keine Congruenz zulassen, so müßte die Congruenz des einen Triangels, mit dem Gegentriangel des andern Triangels erfolgen (§. 44, 7). Die behauptete Identität findet also immer statt. W. z. b. w.

Anmerk. 1. Sind die Winkel E, D, B und A recht; so ist ersichtlich, wie noch unendlich viele dergleichen Triangel zu construiren möglich sind, die alle jene Stücke, nemlich die Seiten EF, FD, BC und AC (welche als Quadranten auch gleich sind) wechselseitig gleich haben, und doch nicht congruent sind.

Anmerk. 2. In sofern Identität sphärischer Triangel, nur aus wechselseitiger Gleichheit dreier Stücke hergeleitet werden soll, haben nur die Lehrsätze §§. 45, 46, 49 und 51 die Bedingungen dafür; der gegenwärtige Satz (§. 61) ist aber auch wichtig, wird jedoch weniger zu den Lehrsätzen der

Identität gezählt. — Was die Sätze §. 56 betrifft, so können sie unter gewissen näheren Bedingungen, auch auf Bestimmtheit der Identität führen, wie in den folgenden Sätzen nunmehr zu untersuchen ist.

§. 62. Aufgabe. (Fig. 13).

Zu untersuchen: was für nähere Bedingungen statt finden müssen, damit ein sphärischer Triangel durch zwei Winkel und eine gegenüberliegende Seite, oder durch zwei Seiten und einen gegenüberliegenden Winkel, bestimmt werde, oder unbestimmt bleibe.

Auflösung und Beweis. Die folgenden Untersuchungen mögen sich nur auf schiefwinkliche Triangel beziehen, indem ein oder mehrere rechte Winkel eines sphärischen Triangels, oder ein Quadrant als Seite, diesen nach bereits bekannten Sätzen modificiren. *) Nun findet es sich, daß unter gewissen Bedingungen ein sphärischer Triangel, bei denen in §. 56 gegebenen Stücken dennoch bestimmt ist, daß daher zwei oder mehrere Triangel identisch sein werden, wenn bei ihnen jene Stücke gegenseitig gleich sind, und jene Bedingungen bei beiden Triangeln auf gleiche Weise statt finden; andere Fälle aber giebt es auch, wo der Triangel nothwendig unbestimmt bleibt, die Identität mehrerer Triangel also keine Folge, selbst bei der wechselseitigen Gleichheit solcher Stücke ist. — Der betrachtete Triangel sei △ABC, und der Kürze wegen mögen die Winkel nur A, B, C, die Seiten aber a, b und c heißen, so daß ∠B und Seite b, ∠C mit Seite c und ∠A mie Seite a gegenüberliegen.

I. Es sei gegeben: Seite c, ∠B und ∠C.

Die Untersuchungen beziehen sich zunächst auf die

*) Siehe §. 36, 9, §. 53, §. 54 u. dgl. m.

Art der, dem zweiten Winkel gegenüber liegenden Seite, hier also auf die Art der b; denn: ist diese Art bestimmt, so ist es der ganze Triangel, bleibt diese Art aber unbestimmt, so ist es auch der Triangel, wie in §. 56, 2, Zusatz gezeigt ist. (Analog wird dies im folgenden zweiten Fall, in Hinsicht der Untersuchung der Art des einen Winkels statt finden, wobei dann §. 56, 1, Zusatz, zu merken ist).

Die Seite b ist stets kleiner 90°, wenn:

1) $c < 90^\circ$, $B < C$ und $B < 90^\circ$ ist. — Denn: ist $B < C$, so ist auch $b < c$ (§. 52); da nun $c < 90^\circ$ sein soll, so ist auch $b < 90^\circ$. Wüßte man aber nicht, daß $B < 90^\circ$ ist, so könnte $B > 90^\circ$, bei den beiden ersten Voraussetzungen, doch noch bestehen; dann wäre aber auch $C > 90^\circ$, also $B + C > 180^\circ$ und dann auch $b + c > 180^\circ$ (§. 60, 2), und weil $c < 90^\circ$ sein soll, wäre $b > 90^\circ$, daher ein Widerspruch mit dem Erfolge aus den beiden ersten Annahmen, der Triangel also ganz unmöglich. Es gehört demnach zu Bestimmtheit der Seite b, zu wissen: daß auch $B < 90^\circ$ ist.

2) $c > 90^\circ$, $C + B < 180^\circ$ und $B < 90^\circ$. Denn: *) ist $c > 90^\circ$, so ist, da $b + c < 180^\circ$ ist (weil $B + C < 180^\circ$ sein sollte), $b < 90^\circ$. Wüßte man nun nicht, ob $B < 90^\circ$ ist, so würde für $B > 90^\circ$, $C < 90^\circ$, also auch $b > c$, oder da $c > 90^\circ$ sein soll, $b > 90^\circ$, d. h. ein Widerspruch mit dem ersten Erfolge, oder ein unmöglicher Triangel die Folge sein. Daher war nöthig zu wissen: daß auch $B < 90^\circ$ ist.

Die Seite b ist stets größer 90°, wenn:

3) $c > 90^\circ$, $B > C$ und $B > 90^\circ$ ist. — Denn:

---

*) Die Beweise für diesen so wie für alle folgenden Fälle, können nun kürzer abgemacht werden, da sie ganz analog dem eben geführten Beweise sind.

dann ist auch $b > c$, also gewiß $b > 90^\circ$. Wäre aber $B < 90^\circ$, so auch $C < 90^\circ$ also $B + C < 180^\circ$, daher auch $b + c < 180^\circ$, und folglich für $c > 90^\circ$, $b < 90^\circ$, d. h. es entstände ein Widerspruch.

4) $c < 90^\circ$, $C + B > 180^\circ$, $B > 90^\circ$. — Denn: nun ist auch $c + b > 180^\circ$, also bei $c < 90^\circ$, ist $b > 90^\circ$. Wäre aber $B < 90^\circ$, so wäre $C > 90^\circ$, also $C > B$, daher auch $c > b$; folglich da $c < 90^\circ$ sein soll, würde b auch wieder $< 90^\circ$ sein müssen, oder ein Widerspruch würde entstehen.

Die Seite b bleibt unbestimmt in der Art, wenn:

5) $c < 90^\circ$, $B > C$ und $B < 90^\circ$ ist. — Nemlich: dann ist auch $b > c$, und weil man von c nur weiß, daß sie kleiner 90° ist, bleibt es ganz unbestimmt, ob die größere Seite b, kleiner oder größer 90° ist. — Wäre aber $B > 90^\circ$, so könnte auch $C > 90^\circ$ also $B + C > 180^\circ$ sein, dann wäre aber auch $b + c > 180^\circ$, daher $b > 90^\circ$ und mithin bestimmt. Zum unbedingt unbestimmt bleibenden Werth von b, muß also $B < 90^\circ$ bekannt sein. — Daß übrigens auch für $B > 90^\circ$, der Werth von b unbestimmt bleiben könnte, liegt im Gesagten, aber es muß hier der gewisse Fall genannt werden, in welchem b unbestimmt bleibt.

6) $c < 90^\circ$, $B + C < 180^\circ$ und $B > 90^\circ$. — Denn: nun ist auch $b + c < 180^\circ$, also kann bei $c < 90^\circ$, b sowol $>$ als $< 90^\circ$ sein. — Für $B < 90^\circ$, könnte $C > 90^\circ$ sein (d. h. die Bedingung $B + C < 180^\circ$ doch erfüllt werden), dann wäre aber $B < C$, also auch $b < c$, und mithin b gewiß $< 90^\circ$, mithin nicht mehr unbestimmt. Daher die Bedingung: $B > 90^\circ$, noch nöthig ist.

7) $c > 90^\circ$, $B < C$, $B > 90^\circ$. — Nemlich:

dann ist $b < c$, also kann b sowol $>$ als $< 90°$ sein. Wäre (gegen die Annahme) $B < 90°$, so könnte auch $C < 90°$ sein, also $B + C < 180°$, daher $b + c < 180°$, und bei $c > 90°$, wäre dann gewiß $b < 90°$, was doch nicht bestimmt sein soll.

8) $c > 90°$, $B + C > 180°$, $B < 90°$. — Denn: nun ist auch $b + c > 180°$, also kann b sowol $>$ als $< 90°$ sein. — Bei $B > 90°$, könnte $C < 90°$, also $B > C$ oder $b > c$ sein; dann wäre aber b gewiß $> 90°$ d. h. nicht unbestimmt.

Zusatz. Stellt man der kürzeren Uebersicht wegen, die acht Fälle zusammen, so sind sie:

1) $c < 90°, \angle C > \angle B, \angle B < 90°$	dann ist b gewiß $< 90°$
2) $c > 90°, \angle C + \angle B < 180°, \angle B < 90°$	
3) $c > 90°, \angle B > \angle C, \angle B > 90°$	dann ist b gewiß $> 90°$.
4) $c < 90°, \angle C + \angle B > 180°, \angle B > 90°$	
5) $c < 90°, \angle B > \angle C, \angle B < 90°$	dann ist b gewiß unbestimmt.
6) $c < 90°, \angle B + \angle C < 180°, \angle B > 90°$	
7) $c > 90°, \angle B < \angle C, \angle B > 90°$	
8) $c > 90°, \angle B + \angle C > 180°, \angle B < 90°$	

Durch einige leicht anzustellende Prüfungen, überzeugt man sich bald, daß weiter keine Bedingungen auf eine Bestimmtheit als Unbestimmtheit der Art der Seite b, mit Gewißheit führen. — Man sieht ferner, daß die beiden ersten jeder der drei Bedingungen, hinlänglich waren, um die Art der b bestimmt oder unbestimmt zu geben, daß aber die dritte Bedingung noch hinzu kam, um den Triangel auch möglich (bei den 4 ersten Fällen) oder die Unbestimmtheit auch gewiß zu machen (bei den 4 letzten Fällen). —

Anmerk. Man kann den fünften Fall auch so nennen: wenn $c < 90°$, $B + C < 180°$ und $B > C$ ist; denn da die Bedingungen heißen $c < 90°$, $B > C$ und $B < 90$; so muß auch $C < 90°$, also $B + C < 180°$ sein, also sind die

Bedingungen als $c < 90°$, $B > C$ und $B + C < 180°$ zu setzen. Der sechste Fall: $c < 90°$, $B + C < 180°$ und $B > 90°$, ist aber auch zu setzen als: $c < 90°$, $B + C < 180°$ und $B > C$, denn bei $B > 90$ und $B + C < 180°$, ist nothwendig $C < 90°$, also $B > C$. Es sind daher die beiden Fälle 5 und 6, unter die eine Bedingung: $c < 90°$, $B + C < 180°$ und $B > C$, gemeinschaftlich begriffen. Und eben so wird man die Fälle 7 und 8, unter den einen Fall: $c > 90°$, $B + C > 180°$ und $B < C$ bringen können, wie sich leicht ergiebt. — Doch sind diese zusammengezogenen Formen nicht so bestimmt, indem z. B. bei den Bedingungen $c < 90°$, $B + C < 180°$ und $B > C$, es unentschieden bleibt, ob $B >$ oder $< 90°$ ist, was für den fünften Fall wesendlich ist, indem ohne die Bedingung $B < 90°$, die Unbestimmtheit wol sein kann aber nicht nothwendig ist. (Man sehe auch die Anmerkung zum folgenden II. Fall).

II. Es ist gegeben: Seite c, Seite b und $\angle B$.

Um die Art des Winkels C zu bestimmen, mag der mehr analytische Weg, statt des im ersten Falle überwiegend synthetischen Weges, eingeschlagen werden, während dieser letztere Weg auch im gegenwärtigen Falle, so wie die analytische Methode im ersten Falle, gleich anwendbar ist.

Der Winkel C ist stets kleiner 90°, wenn:

1) $B < 90°$ und dabei $B > C$, d. h. $b > c$ ist *) Wäre aber dabei $c > 90°$, so ist auch $b > 90°$, also $b + c > 180°$, daher auch $B + C > 180°$, und bei der Voraussetzung $B < 90°$, wäre dann $C > 90°$, was dem ersten Erfolge widerspricht oder einen unmöglichen Triangel geben würde. Es ist daher noch nöthig, auch $c < 90°$ zu wissen, oder für diesen Fall sind die drei Bedingungen: $B < 90°$, $b > c$ und $c < 90°$ erforderlich, um gewiß $C < 90°$ zu erhalten.

---

*) Ob nemlich $B > C$ ist, kann man, weil C unbekannt ist, nicht selbst wissen, sondern es erst aus den gegebenen Größen b und c folgern (§. 52 Zusatz).

2) $B > 90^\circ$ aber $B + C < 180^\circ$ d. h. $b + c < 180^\circ$ ist. Wenn hierbei $c > 90^\circ$ ist, so ist (der Summe beider wegen) $b < 90^\circ$, d. h. $c > b$ also auch $C > B$, und weil $B > 90^\circ$ sein soll, so ist auch $C > 90^\circ$, d. h. man stößt auf einen Widerspruch. Folglich muß $c < 90^\circ$ sein, d. h. die drei Bedingungen müssen stattfinden: $B > 90^\circ$, $b + c < 180^\circ$ und $c < 90^\circ$.*)

Der Winkel C ist immer größer 90°, wenn:

3) $B > 90^\circ$ und $C > B$ d. h. $c > b$ ist. Ist dabei $c < 90^\circ$, so ist auch $b < 90^\circ$, also $c + b < 180^\circ$, daher wieder $C + B < 180^\circ$, und bei $B > 90^\circ$ gewiß $C < 90^\circ$. Es muß also $c > 90^\circ$ sein, wodurch man die 3 Bedingungen erhält: $B > 90^\circ$, $c > b$ und $c > 90^\circ$.

4) $B < 90^\circ$ aber $B + C > 180^\circ$ d. h. $b + c > 180^\circ$. Ist dabei aber $c < 90^\circ$, so ist $b > 90^\circ$ (der Summe beider wegen), also $b > c$ mithin $B > C$, also bei $B < 90^\circ$, um so mehr $C < 90^\circ$. Daher muß man wissen, daß $c > 90^\circ$ ist, mithin daß die 3 Bedingungen: $B < 90^\circ$, $b + c > 180^\circ$ und $c > 90^\circ$ stattfinden.

Der Winkel C bleibt gewiß unbestimmt in der Art, wenn:

5) $B < 90^\circ$ und $C > B$ d. h, $c > b$ ist. Ist dabei $c > 90^\circ$, so könnte auch $b > 90^\circ$ sein, und dann wäre $c + b > 180^\circ$, mithin auch $C + B > 180^\circ$,

*) Wollte man noch einen dritten Fall aufsuchen, in welchem $C < 90^\circ$ ist, so könnte man nur noch einmal $\angle B >$ oder $< 90^\circ$ annehmen; bei $\angle B < 90^\circ$, ist außer der zweiten Annahme des ersten Falls, nemlich $b > c$, nur noch $b < c$ also $B < C$ zu nehmen. Aber $C > B$ giebt bei der Voraussetzung $C < 90^\circ$, B sowol $<$ als $> 90^\circ$ d. h. läßt C unbestimmt. — Aehnlich schließt man bei den folgenden Fällen.

180°, folglich C gewiß $> 90°$, da B $< 90°$ sein sollte. Es würde also eine Bestimmtheit des Winkels C möglich, wenn auch nicht nothwendig *) sein, also doch C nicht gewiß unbestimmt werden. Es muß also $c < 90°$ bekannt sein, oder die drei Bedingungen: $B < 90°$, $c > b$ und $c < 90°$ müssen stattfinden.

6) $B < 90°$ und $B + C < 180°$ d. h. $b + c < 180°$ ist. Wäre dabei $c < 90°$, so könnte $b > 90°$, also $b > c$ d. h. $B > C$ sein, was, da $B < 90°$ sein sollte, $C < 90°$, also bestimmt geben würde. Zur Unbestimmtheit des Winkels C, gehört also noch zu wissen, daß $c > 90°$ ist. Die Bedingungen sind demnach: $B < 90°$, $b + c < 180°$ und $c > 90°$.

7) $B > 90°$ und $B > C$ d. h. $b > c$ ist. Wäre dabei $c < 90°$, so könnte auch $b < 90°$ sein; dann ist aber $c + b < 180°$, also auch $C + B < 180°$, was für $B > 90°$, $C < 90°$, also C bestimmt giebt. Jedem also nach $c > 90°$ sein muß, sind die 3 Bedingungen: $B > 90°$, $b > c$ und $c > 90°$.

8) $B > 90°$ und $B + C > 180°$ d. h. $b + c > 180°$. Ist nun dabei $c > 90°$, so kann $b < 90°$, also $c > b$ mithin $C > B$ sein, was $C > 90°$ geben würde, indem $B > 90°$ sein soll. Diese mögliche Bestimmtheit für C zu vermeiden, muß also $c < 90°$ sein. Die 3 Bedingungen sind also: $B > 90°$, $b + c > 180°$ und $c < 90°$.

Zusatz. Die acht Fälle geben in einer Zusammenstellung diese Uebersicht:

1) $\angle B < 90°, b > c, c < 90°$	Dann ist $\angle$ C
2) $\angle B > 90°, b + c < 180°, c < 90°$	gewiß $< 90°$

*) Da ja bei $c > 90°$, doch auch $b < 90°$, mithin $c + b$, also auch $C + B < 190°$, daher bei $B < 90°$, doch noch $C >$ oder $< 90°$ sein könnte.

3) $\angle B > 90^\circ, b < c, c > 90^\circ$ 4) $\angle B < 90^\circ, b + c > 180^\circ, c > 90^\circ$	Dann ist $\angle C$ gewiß $> 90^\circ$
5) $\angle B < 90^\circ, b < c, c < 90^\circ$ 6) $\angle B < 90^\circ, b + c < 180^\circ, c > 90^\circ$ 7) $\angle B > 90^\circ, b > c, c > 90^\circ$ 8) $\angle B > 90^\circ, b + c > 180^\circ, c < 90^\circ$	In diesen Fällen bleibt $\angle C$ gewiß unbestimmt.

Auf diese Zusammenstellung, lassen sich ganz einfach die bei Nr. I. gemachten Betrachtungen und Anmerkungen, iu gleicher Weise übertrageu.

Anmerk. Erinnert sei hier noch, daß sowol in diesem als im ersten Falle, der Triangel noch keineswegs bestimmt oder unbestimmt ist, wenn außer den drei Stücken eine von den acht Bedingungen eines Falls gegeben sind; denn es kann wol sein, daß solche drei Stücke in einem Triangel in der besonderen Verbindung, gar nicht zu vereinigen sind, d. h. der Triangel überhaupt mit ihnen zu bilden unmöglich ist. Die Bestimmtheit oder Unbestimmtheit, tritt selbst erst bei der Möglichkeit des ganzen Triangels ein. In der ebenen Geometrie ist dies eben so der Fall, und ein ebener Triangel, in dem z. B. zwei bestimmte Seiten und der Winkel welcher der kleineren von beiden Seiten gegenüber liegt, als Stücke vorkommen sollen, ist bekanntlich nur möglich, wenn die kleinere Seite, doch größer als der Perpendikel ist, der die Höhe für die dritte Seite wird; und erst nachdem der Triangel möglich wird, tritt die Bestimmtheit oder Zweideutigkeit, wie bekannt, ein. — Man kann in der sphärischen Geometrie diese Betrachtungen, ganz analog in Beziehung auf den Perpendikelbogen führen, doch ist dies hier, abgesehen davon das diese Untersuchungen viel weitläuftiger als in der ebenen Geometrie, der Natur der Sphäre und der zwei unbestimmten Fälle (§. 56) wegen, wird, um so weniger nöthig, als die Construction der sphärischen Triangel aus denen sie bestimmenden Stücken, hier ganz wegbleibt, weil die sphärische Trigonometrie, die unbekannten Stücke aus jenen finden lehrt, und dann die Erfolge, wenn der Triangel unmöglich werden sollte, sich auf eine einfache Weise ergeben.

§. 63. Lehrsatz. (Fig. 15.)

Zwei symmetrische sphärische Triangel, haben gleichen Flächeninhalt. *)

Annahme. AC = EF, AB = DF, BC = ED; ferner Δ ABC symmetrisch (also nicht congruent) Δ DEF.

Behauptung. Δ ABC = Δ DEF.

Beweis. Man stelle sich durch die Winkelspitzen jedes der Triangel, die Ebenen des kleineren Kugelkreises vor, der sich durch diese Puncte legen läßt, und ziehe darin die Sehnentriangel der sphärischen Triangel (§. 36, 12); so sind diese ebenen Triangel congruent (G), weil die Seiten als Sehnen gleicher Bogen, wechselseitig gleich sind. Um diese congruenten ebenen Triangel, sind nur gleiche Kreise zu construiren möglich, deshalb sind jene Kugelkreise gleich (G), also sind sie auch in gleichen Entfernungen vom Mittelpuncte der Kugel (§. 9. Zusatz 2), und daher ihre Pole von ihnen wechselseitig gleich weit entfernt. Von diesen Polen seien N und M ein Paar; **) so lege man die Normalkreisbogen durch sie und die Winkelspitzen der Triangel. Diese Bogen sind bei jedem der Triangel unter sich gleich (§. 19), und bei beiden Triangeln auch wechselseitig gleich, weil die Pole von den Kugelkreisen gleich weit entfernt sind; man hat daher die sechs Bogen NA, NB, NC, MD, ME und MF, alle einander gleich. — Nun ist Δ ANC ≌ Δ EMF, Δ ABN ≌ Δ DMF und Δ BNC ≌ Δ DME, indem nach §. 49. ihre Identität statt findet, wegen der zwei gleichen Seiten in jedem aber, die Congruenz (also nicht Sym-

*) Siehe die Anmerkung zu §. 44.

**) Diese liegen auf derselben Seite des Kugelkreises, auf der die Triangel liegen, oder wo diese nicht liegen.

metrie) vorhanden ist. — Liegt nun Δ ABC in dem Δ ANC, *) also auch Δ DEF im Δ EMF, was, wenn ∠ ANC und ∠ EMF concav sind, der Fall ist; so hat man

Δ ANC = Δ EMF
Δ ABN + Δ BNC = Δ DFM + Δ DEM

} Der wechselseitigen Congruenz, also auch Gleichheit wegen.

daher

Δ ANC — Δ ABN — Δ BNC = Δ EMF — Δ DFM — Δ DEM

d. h. Δ ABC = Δ DEF.

Wäre aber ∠ ANC (und daher auch EMF) dessen Theile die Winkel ANB und BNC sind, convex, so betrachte man den Δ ANC (und EMF), in welchem Δ ABC nicht liegt; dann erfüllen die drei Triangel ANC, ANB und BNC nebst dem Δ ABC, die Kugelfläche, was auch von den Triangeln EMF, DFM, EDM und DEF gilt. Da nun die Summen der drei erst genannten Triangel, wechselseitig gleich sind, so sind auch die Ergänzungen zur ganzen Kugelfläche, gleich, d. h. Δ ABC = Δ DEF. — Hätte man die Pole, welche zu derselben Seite des gedachten Kugelkreises liegen wo die Triangel sich befinden, betrachtet; so könnten die Pole einmal, innerhalb der Triangel fallen, und dann wird jeder der beiden Triangel, von den drei wechselseitig gleichen Triangeln erfüllt, daher sie selbst gleich sind; oder die Pole fallen wie die Puncte H und K, so daß bei der Legung der gedachten Hülfbogen, eine Seite (die AC und die EF) in jedem Triangel geschnitten wird. Man hat dann aus denselben Gründen wie vorher:

---

*) Ist ∠ ANC convex, so ist Δ ANC, in so fern Δ ABC in ihm liegt, ein Aftertriangel (§. 36, 4 und 6), von dem hier nicht die Rede ist, obgleich auch er betrachtet werden kann.

$$\Delta\, AHB + \Delta\, HBC = \Delta\, KDF + \Delta\, KED, \text{ und ferner}$$
$$\underline{\Delta\, HAC = \Delta\, KEF, \text{ daher}}$$
$$\Delta AHB + \Delta HBC - \Delta HAC = \Delta KDF + \Delta KED - \Delta KEF$$
$$\text{d. h. } \Delta\, ABC = \Delta\, DEF.$$

In keinem dieser Fälle hat daher der Beweis mehr Schwierigkeiten als im anderen. W. z. b. w.

Zusatz. Gegentriangel (§. 44, 3) sind symmetrische Triangel (§. 44, 6), also an Flächeninhalt gleich.

§. 64. Zusatz (Fig. 13.)

Von den acht, durch wechselseitiges Schneiden dreier Normalkreisbogen in sechs Puncten, entstehenden Triangel (§. 44, 1), ist die Summe je zweier Scheiteltriangel (§. 44, 3), gleich einem Kugelstreifen von demselben Winkel. Denn: man betrachte z. B. von den sechs Triangeln, die zwei Triangel ABC und AHF, welche die Scheitelwinkel bei A gleich haben; so ist Δ AHF der Gegentriangel vom Δ BCD (§. 44, 6), also beide gleich (§. 63), und daher
Δ ABC + Δ AHF = Δ ABC + Δ BCD = dem Kugelstreif ABDC.

Anmerk. Da jeder der sechs entstehenden Triangel bei seinen drei Winkelspitzen einen Scheiteltriangel hat, so kann man gleichsam 24 Paare von Scheiteltriangeln betrachten, die sich aber auf 12 Paare reduciren, da jedes Paar doppelt bei jenen 24 Paaren erscheint. Die hierdurch gleichsam bleibenden $2 . 12 = 24$ Triangel, reduciren sich aber auf $\frac{24}{3} = 8$ Triangel, weil auch bei jenen 12 Paaren noch, jeder Triangel dreimal — bei seinen drei Winkelspitzen nemlich — vorkommt. — Auch an der, etwas schwieriger die Sache darstellenden Figur 6, können der Uebung wegen, die erwähnten Triangel aufgesucht werden.

§. 65. Lehrsatz (Fig. 13).

Heißt der Kürze wegen: die Oberfläche der Kugel K, die Fläche eines sphärischen

Triangels T, die Winkel des Triangels einzeln A, B und C, bezeichnet ferner R einen rechten Winkel; so verhält sich immer:

$$K : T = 8R : (\angle A + \angle B + \angle C - 2R)$$

Beweis. Es sei Δ ABC der betrachtete Triange, so construire man durch Ergänzung der Seiten deselben zu Normalkreisen, die acht, die Oberfläche der Kugel erfüllende Triangel (§. 44, 1); dann ist sogleich kla, daß Δ ABC mit zweien seiner Nebentriangel und den zwischen diesen liegenden Scheiteltriangel, die Oberfläce der Halbkugel, welche der Normalkreis begränzt, welcer durch die dritte Seite bestimmt wird, erfüllen (So ist z. B. Δ ABC + Δ ACF + Δ ABH + AHF = der, durch BCFH bestimmten Halbkugel BCFHAC). Nun ergiebt sich höchst einfach mit Hülfe von §. 64, §. 35, 1 und bei Betrachtung der Figur:

$$\Delta ABC + \Delta AHF = \text{Zweiseit } ABDC = \frac{\angle A}{4R} \cdot K$$

$$\Delta ABC + \Delta CAF = \text{Zweiseit } BAFC = \frac{\angle B}{4R} \cdot K$$

$$\Delta ABC + \Delta BAH = \text{Zweiseit } CAHB = \frac{\angle C}{4R} \cdot K$$

daher (af beiden Seiten summirt)

$$3 . \Delta ABC + \Delta AHF + \Delta CAF + \Delta BAH = \left(\frac{\angle A}{4R} + \frac{\angle B}{4R} + \frac{\angle C}{4R}\right) K = \frac{\angle A + \angle B + \angle C}{4R} . \; K.$$

Da nun ein Δ ABC mit den drei Triangeln AHF, CAF uw BAH, die Halbkugelfläche d. h. $\frac{K}{2}$ bildet, so kann man setzen:

$$2 . \Delta ABC + \frac{K}{2} = \frac{\angle A + \angle B + \angle C}{4R} . K, \text{ also}$$

$$\Delta ABC = \left(\frac{\angle A + \angle B + \angle C}{4R} - \frac{1}{2}\right) K : 2$$

$$= \left(\frac{\angle A + \angle B + \angle C}{4R} - \frac{2R}{4R}\right) K : 2$$

$$= \frac{\angle A + \angle B + \angle C - 2R}{4R} . K : 2$$

d. h. $T = \frac{\angle A + \angle B + \angle C - 2R}{8R} . K$;

mithin kann man die Proportion bilden:

$K : T = 8R : (\angle A + \angle B + \angle C - 2R)$.

oder $K : T = 8R : S - 2R$, wenn $A + B + C = S$, gesetzt wird. W. z. b. w.

Zusatz. Dieselbe Proportion lehrt auch den Inhalt eines Aftertriangels (§. 36, 4) finden. Nennt man die Fläche desselben z. B. P, so ist, wenn T wiederum die Fläche des, ihn zur Halbkugel ergänzenden eigentlichen Triangels ist (§. 36, 5), $P = \frac{1}{2} K - T = \frac{4R}{8R} . K - T$. Heißen A, B und C die Winkel des Triangels T, so setze man für T den eben gefundenen Ausdruck $\frac{A + B + C - 2R}{8R} . K$, dann ist $P = \frac{4R}{8R} . K - \frac{A + B + C - 2R}{8R} . K = \frac{4R - (A + B + C - 2R)}{8R} . K = \frac{6R - (A + B + C)}{8R} . K$ *) $= \frac{6R - S}{8R} . K$, wenn wieder der Kürze wegen $A + B + C = S$ gesetzt wird. Es ergänzen sich aber zwei Winkel des Aftertriangels mit zwei Winkeln des eigentlichen Triangels, wechselseitig zu 2 R, die dritten Winkel beider Triangel machen aber zusammen 4 R (§. 36, 5); nennt man also die Summe der Winkel des Aftertriangels, N, so ist $N + S = 8R$, oder $S = 8R - N$. Diesen Werth in den vorher für P gefundenen Werth substituirt, giebt

---

*) Die Auflösung der Parenthese im Zähler des Bruchs, giebt nach bekannten Regeln $4R + 2R - A - B - C = 6R - (A + B + C)$

$$P = \frac{6\,R - S}{8\,R}.\ K = \frac{6\,R - (8\,R - N)}{8\,R}.\ K$$

$$= \frac{N - 2\,R}{8\,R}\ K,$$ d. h. $K : P = 8\ R : N - 2\ R$,

welches die für den Aftertriangel (wegen N), völlig der gefundenen Proportion für den eigentlichen Triangel, analoge Proportion ist.

Anmerk. Die absolute Bestimmung des Flächeninhaltes eines sphärischen Triangels, setzt hiernach die Berechnung der Oberfläche der Kugel voraus. Da nun in der Stereometrie gelehrt wird, daß diese Fläche gleich der viermaligen Normalkreisfläche, oder gleich $4\ r^2\ \pi = d^2\ \pi$ (wenn r den Halbmesser oder d den Durchmesser bedeutet) ist, so kann hiernach erst der Flächeninhalt des sphärischen Triangels in bestimmtem Maaße, aus denen die Kugelgrößen bestimmenden Größen, gefunden werden. — Die Berechnung der sphärischen Pyramiden (§. 36, 11) die sich zum Kugelkörper, wie die Fläche des zugehörenden Triangels zur Kugelfläche verhalten, hängt auch hiervon ab.

§. 66. Zusätze.

1) Der Inhalt eines sphärischen Triangels mit drei rechten Winkeln, ist nach der gefundenen Proportion, der achte Theil der Kugelfläche. — Denn: bei ihm ist $S = 3\ R$, also $S - 2\ R = 1\ R$, daher $K : T = 8\ R : 1\ R = 8 : 1$ oder $T = \frac{1}{8}\ K$. — Daß bei solchem Triangel alle Seiten Quadranten sind, ist §. 48 Zusatz 1 und §. 53, 9 gelehrt, und leicht zeigt eine einfache Betrachtung, daß durch die Ergänzung der Seiten eines solchen Triangels zu Normalkreisen, die ganze Kugelfläche in acht congruente Triangel getheilt wird.

2) Soll ein gleichseitiger (aber nicht rechtwinklicher) sphärischer Triangel, ein aliquoter Theil der Kugelfläche, z. B. $\frac{1}{n}$ derselben sein; so findet man die

Grösse seiner gleichen Winkel (§. 47 Zusatz 1) einfach dadurch: ist xR ein solcher Winkel, so ist $3\,xR = S$, also $T = \frac{S - 2R}{8R}.K$, wird $\frac{1}{n}K = \frac{3\,xR - 2R}{8R}.K$, oder $\frac{1}{n} = \frac{3x - 2}{8}$, daher $x = \left(\frac{8}{n} + 2\right) : 3 = \frac{8 + 2n}{3n}$ oder $xR = \frac{8 + 2n}{3n}R$. — Soll z. B. ein solcher Triangel der vierte Theil der Kugelfläche sein, also $n = 4$ gesetzt werden, so wird der eine Winkel $\frac{8 + 2.4}{3.4} = \frac{16}{12} = 1\frac{1}{3}$ rechte Winkel sein müssen. Wollte man $n = 2$ setzen, so ist $x = \frac{8 + 4}{6} = 2$, d. h. solcher Triangel ist nicht möglich (§. 36, 6), oder der Triangel verwandelt sich gleichsam in die Halbkugel.

3) Ein gleichseitiger Triangel welcher der vierte Theil der Kugelfläche ist (Nr. 2), hat also nur jeden Winkel um $\frac{1}{3}$R grösser, als der gleichseitige Triangel welcher $\frac{1}{8}$K ist (Nr. 1). Auch ist jener Triangel gleich einem Zweiseite, dessen Winkel 1 R ist (§. 35, 6).

4) Soll ein Zweiseit gleich einem Triangel gemacht werden, so soll sein $\frac{W}{4R}.K = \frac{S - 2R}{8R}.K$, oder $\frac{2W}{8R} = \frac{S - 2R}{8R}$ d. h. $2W = S - 2R$, also muß sein $W = \frac{1}{2}(S - 2R)$

5) Die im Beweise zum vorigen Lehrsatze gefundene Gleichung: $2.\Delta ABC + \frac{1}{2}K = \frac{\angle A + \angle B + \angle C}{4R}.K$, kann, weil $\frac{\angle A + \angle B + \angle C}{4R}.K = \frac{\angle A}{4R}.K + \frac{\angle B}{4R}.K + \frac{\angle C}{4R}.K$ ist, gesetzt werden $2.\Delta\ ABC + \frac{1}{2}K =$

der Summe dreier Kugelstreifen, deren Winkel wechselseitig A, B und C sind (§. 35, 6). Nennt man diese Summe V, so ist ABC = $\frac{1}{2}$ V — $\frac{1}{4}$ K, d. h. der sphärische Triangel ist um die Viertelkugelfläche kleiner, als die halbe Summe dreier Kugelstreifen, deren Winkel die Winkel des Triangels sind.

Anmerk. Mancherlei Bemerkungen, die sich noch aus der höchst merkwürdigen und wichtigen Proportion (§. 65) herleiten lassen, erklären sich in vorkommenden Fällen sehr einfach, können aber hier übergangen werden.

§. 67. Lehrsatz.

Die Summe aller Seiten, d. h. der Umfang, eines sphärischen Polygons mit lauter ausgehenden Winkeln, dessen Seiten auch alle kleiner als halbe Normalkreise sind, ist geringer als die Peripherie eines Normalkreises.

Beweis. Man denke sich die nach §. 36, 11 zum Polygon gehörende Ecke am Mittelpuncte der Kugel, so sind, wie auch dort erwähnt, die ebenen Winkel welche die Ecke bilden, einzeln die Maaße der Seiten des Polygons. Da nun die Summe aller, die Ecke bildenden Winkel kleiner 4 R ist (E), so ist die Summe der Seiten des Polygons, kleiner als die Peripherie eines Normalkreises. — W. z. b. w.

Anmerk. Daß es sphärische Polygone mit einspringenden Winkeln giebt, ist, wenn man die zugehörende Ecke am Mittelpuncte der Kugel betrachtet, sogleich deutlich; auch kann man leicht die Puncte auf der Kugelfläche sich so gelegt vorstellen, daß einige der durchgelegten Bogen, in Beziehung zur geschlossenen Figur, convexe Winkel bilden, die man dann einspringende Winkel, analog wie bei den ebenen Polygonen, nennen kann. — Ausführlichere Betrachtungen über die sphärischen Polygone anzustellen, würde zu keinem weiteren Zwecke führen, den folgenden wichtigen §. ausgenommen, um so mehr, da die Analogien und Verschiedenheiten der Eigenschaften dieser Polygone, mit den ebenen Polygonen, nach den gehabten Sätzen über die sphärischen Triangel, baldzu zu finden sind. Daß man nur Polygone, deren Seiten zu Normalkreisen gehören betrachtet, ist §. 34 erwähnt, und daß man nur wieder solche Polygone zu betrachten braucht, deren Seiten kleiner als halbe Normalkreisperipherien sind, wird wie bei den Triangeln, einleuchtend sein.

§. 68 Lehrsatz.

Bezeichnet n die Menge der Seiten, S die Summe der Winkel und P den Flächeninhalt eines sphärischen Polygons; so hat man, wenn K die Kugeloberfläche bedeutet, folgende Proportion:

$$K : P = 8\,R : (S - (n - 2)\,2\,R)$$

Beweis. Aus einem beliebigen, innerhalb des Polygons anzunehmenden Punct, stelle man sich nach allen Winkelspitzen desselben, Normalkreisbogen gelegt vor, so wird das Polygon in n Triangel getheilt, deren Winkel zusammen S + 4 R sind, wobei die 4 R um den gewählten Punct, nicht zum Polygone gehören, die übrigen Winkel der Triangel aber, genau die Winkel des Polygons bilden. Werden nun die einzelnen Triangel T, T', T'' u. s. w., die Summe der Winkel dieser Triangel aber entsprechend W, W' W'' u. s. w. genannt; so erhält man nach §. 65 folgende Werthe:

$$T = \frac{W - 2\,R}{8\,R} . K$$

$$T' = \frac{W' - 2\,R}{8\,R} . K$$

$$T'' = \frac{W'' - 2\,R}{8\,R} . K$$

u. s. w.; also,

$$T + T' + T'' \text{ u. s. w.} = P =$$

$$K . \frac{W + W' + W'' \text{ u. s. w.} - (2R + 2R + 2R \text{ u. s. w.})}{8\,R}$$

Für $W + W' + W''$ u. s. w. setze man nun $S + 4R$, so wie für die n Mal zu vereinigenden $2R$, $2nR$, so hat man $P = K.\frac{S + 4R - 2nR}{8R} = K.\frac{S - (n-2)2R}{8R}$, weil $4R - 2nR = (2-n)2R = -(n-2)2R$ ist. Aus dieser Gleichung erhält man nun die Proportion:

$$K : P = 8R : (S - (n-2)2R).$$ W. z. b. w.

Zusatz. Nennt man V die Summe der Nebenwinkel sämmtlicher Winkel des Polygons, d. h. die Summe der Außenwinkel des Polygons sei V; so ist $S + V = 2nR$, also $S = 2nR - V$, folglich $S - (n-2)2R = S - 2nR + 4R = 2nR - V - 2nR + 4R = 4R - V$; daher wird obige Proportion diese:

$$K : P = 8R : 4R - V,$$ also

$$P = \frac{4R - V}{8R}.K = \frac{S - (n-2)2R}{8R}.K.$$

§. 69. Anmerkung.

Indem die bisher gelehrten Sätze, die wichtigsten Lehren der sphärischen Geometrie enthalten, sei bemerkt daß diese vorgetragenen Sätze völlig hinreichen, für den gegenwärtigen Stand der Wissenschaft, jede spätere Lehre, und namentlich die so wichtige sphärische Trigonometrie, zu begründen. Keineswegs ist aber die sphärische Geometrie mit jenen Lehren — so fern dies überhaupt möglich ist — geschlossen, wenn gleich die ferneren, noch leicht zu findenden Theile der sphärischen Geometrie, wol noch nirgend abgehandelt sind. — Die sphärischen Triangel und die Polygone, bieten ohne Zweifel noch mannigfaltige schöne Sätze dar, die bald gefunden sein würden, wenn man ihrer nur bedürfte, und die sich eben so, bald analog bald merkwürdig abweichend von den Sätzen der ebenen Geometrie, zeigen würden. — Ein großes Gebieth von Aufgaben müßte sich darbieten, wenn man die Verwandelung und Theilung der sphärischen Figuren, auf ähnliche Weise wie in der ebenen Geometrie, verfolgte. — Aber auch bei Berücksichtigung der Figuren, welche von kleineren Kugelkreisbogen begrenzt werden, oder wo solche Bogen mit Normalkreisbogen gemeinschaftlich die Begrenzung machen, würde gewiß auf merkwürdige Sätze führen. — Und dann könnte auch ein, der sphärischen Geometrie nach ganz fehlender Theil, der Aehnlichkeit der Figuren gebildet werden, wenn man die Figuren auf zwei Kugeln von verschiedenen Halbmessern betrachtete, wo sich z. B. sehr einfach die Bedingungen für die Aehnlichkeit sphärischer Triangel ergeben würden, während die bisher vorgetragenen Lehren, doch nur von einer oder von gleichen Kugeln gelten. — Solche und andere neue Beziehungen aufzusuchen, würde vielleicht zu wichtigen Folgerungen führen, und mehr als bloße Speculationen veranlassen, die in einem Buche wie das gegenwärtige sein soll, nicht weiter hineingehören.

§. 70. Anmerkung.

So wie die Kugelfläche im innigsten Zusammensein mit dem Kugelkörper ist; ist auch die sphärische Geometrie in ihrem Verfolge, mit der Stereometrie innig verbunden. (Siehe §. 4). — Aber die sphärische Geometrie, wie sie hier, unabhängig von der Stereometrie vorgetragen werden sollte, erlaubt nicht, aus der Körperlehre Sätze auf sie anzuwenden, während Anwendung der sphärischen Geometrie auf die Stereometrie, allerdings anzuführen sind, und am Schlusse des folgenden Hauptstücks im Wesendlichsten vorkommen werden. — Könnte die Kugelfläche auf eine einfache Weise, unabhängig von der Entwickelung der Oberflächen der Körper, namentlich des geraden Kegels, berechnet werden; *) so würde auch die Entwickelung der Flächen der Zonen (§. 10, 6) und manche andere Berechnung von Kugelgrößen, hier vorzutragen angehen. — Um aber doch von jenen Beziehungen zur Körperlehre, einen der Hauptsätze hier beispielweise anzuführen, mag folgender Lehrsatz — der natürlich auch übergangen werden kann — folgen:

Bei einem Polyeder, ist die Menge der Grenzflächen (M) mit der Menge der Ecken (E) vereiniget, stets um 2 größer als die Anzahl der Kanten (K), d. h. $E + M = K + 2$.

Beweis. Man denke sich in dem Polyeder einen beliebigen Punct, welcher als Mittelpunct einer Kugel dient, die man sich dergestalt in oder um das Polyeder beschrieben denkt, daß dieses ganz die Kugel umgiebt oder ganz in ihr liegt. Wir nehmen an, die Kugel sei um das Polyeder beschrieben, indem der Beweis ganz analog ist, wenn sie sich in dem vieleckigen Körper befindet. — Denkt man sich nun durch alle Kanten des Polyeders, Normalkreisbogen zur Kugel gelegt, diese also bis zur Kugeloberfläche erweitert; so wird diese Fläche in lauter sphärische Polygone getheilt, deren ein jedes einer Seitenfläche des Polyeders entspricht, so, daß es mit diesem gleich viele Seiten hat. Man hat demnach M Polygone auf der Kugelfläche, deren Winkelsumme einzeln durch S, S', S'' u. s. w., deren Seitenanzahl aber, jenen Summen entsprechend mit n; n';

*) Auf eine künstliche Weise, ließe sich diese Entwickelung wol ausführen, indem man nemlich den Körper ganz außer Acht läßt.

n'' ꝛc. bezeichnet sein mögen. Nun ist der Inhalt der einzelnen sphärischen Polygone, wenn F die Oberfläche der Kugel bedeutet, nach §. 68;

$$\frac{S-(n-2)\,2R}{8\,R}.F, \frac{S'-(n'-2)\,2R}{8\,K}.F, \frac{S''-(n''-2)\,2R}{8\,R}.F \text{ꝛc.},$$

daher die Summe dieser Polygone, deren Menge wie gesagt M ist, durch den Ausdruck:

$$F=\frac{S-(n-2)\,2R+S'-(n'-2)\,2R+S''-(n''-2)\,2R+\text{ꝛc.}}{8\,R}.F$$

$$=\frac{S+S'+S''+\text{ꝛc.}-(n+n'+n''+\text{ꝛc.}-2M)\,2R}{8\,R}.F$$

darzustellen ist. Eine einfache Rechnung bei dieser Gleichung, giebt nun:

$$8R=S+S'+S''+\text{ꝛc.}-(n+n'+n''+\text{ꝛc.}-2M)\,2R.$$

Die Winkelsumme aller Polygone, ist aber die Winkelsumme aller bei den verschiedenen Puncten auf der Kugelfläche liegenden Winkel; da dieser Winkel nun so viele als Ecken beim Polyeder, also E sind, die Summe der Winkel bei jedem Puncte aber 4 R ist (§. 31, 8, c); so ist die Summe aller sphärischen Winkel, 4. E. R, und man erhält:

$8\,R=4E.\,R-(n+n'+n''+\text{ꝛc.}-2\,M)\,2\,R$ oder

$8=4\,E-(n+n'+n''+\text{ꝛc.}-2\,M)\,2$, wenn man nur auf die Menge und nicht die Benennung Rücksicht nimmt. — Die Menge der Seiten der verschiedenen Polygone, d. h. n, n' n'' ꝛc.; ist aber gleich der Menge der Seiten der Außenflächen des Polygons, indem durch jede Seite ein Bogen (Seite der sphärischen Polygone) gelegt ist, und diese Seitenmenge der Außenflächen des Polyeders, ist die doppelte Menge der Kanten desselben (nach stereometrischen Lehren); also $2\,K=n+n'+n''+$ u. s. w.; folglich erhält man aus der letzten Gleichung, diese:

$8=4\,E-(2\,K-2\,M)\,2=4\,E-4\,K+4\,M$, d. h.

$2=E-K+M$ oder $E+M=K+2$. W. z. b. w.

Auch auf die regulären Polyeder, ist die sphärische Geometrie wichtig in der Anwendung, worüber am Schlusse des folgenden Hauptstücks, das Wesendlichste vorkommen soll. Da man nemlich weiß, daß sich um und in jedes reguläre Polyeder, eine Kugel dergestalt beschrieben läßt, daß alle Ecken in der Oberfläche der Kugel liegen, oder daß alle Seitenflächen tangirende Flächen zur Kugel werden; so läßt sich erwarten, daß die Anwendung der sphärischen Geometrie, hier von nicht minderem Erfolge sei, als deren Beziehung zu den unregelmäßigen Polyedern, wie der eben bewiesene Satz lehrte.

Zweiter Abschnitt.

Die sphärische Trigonometrie.

Erstes Kapitel.

Einleitung. Entwickelung der Relationen zwischen den Stücken der sphärischen Triangel.

§. 71. Erklärung.

Die sphärische Trigonometrie (richtiger Trigonometrie der Sphäre) lehrt, aus denen Stücken welche einen sphärischen Triangel bestimmen, wenn sie in Zahlen gegeben sind, die anderen Stücke des Triangels wiederum in Zahlen darzustellen, sie also durch Rechnung zu finden.

Ein sphärischer Triangel ist bestimmt, wenn die Stücke desselben (Seiten und Winkel) und die Bedingungen unter denen sie beim Triangel vorkommen sollen, nur einen Triangel zulassen, oder wenn alle Triangel, die man aus jenen Stücken und Bedingungen erhält, identische Triangel werden. — Die Sätze §. 45, §. 46, §. 49 und §. 51 lehrten, unter welchen Bedingungen drei Stücke den Triangel bestimmen, in §. 61 wurde durch vier Stücke die Bestimmung gegeben, und §. 62 lehrte, die noch näher zu machenden Bedingungen, ob, wenn unter drei Stücken, zwei einander gegenüber liegen sollen, Bestimmung des Triangels statt findet, oder der Triangel gewiß unbestimmt bleibt.

Indem die Berechnung der fehlenden zwei Stücke für den Fall §. 61, sich aus den übrigen Fällen ergiebt, ist es nur nöthig, die Relationen (Beziehungen) zwischen jedweden vier Stücken eines Triangels aufzusuchen, da, wenn eine Gleichung diese Beziehungen giebt, jedes der vier Stücke als das unbekannte zu setzen ist, sobald die drei anderen Stücke als gegeben angenommen werden.

Anmerk Es wird dienlich sein, einige Sätze und Bemerkungen noch vorher zu schicken, die als eine Einleitung, oder als ein Uebergang von der ebenen zur sphärischen Trigonometrie zu betrachten sind. Wenn auf Sätze der ebenen Trigonometrie berufen wird, so soll dies durch ein T. geschehen, indem die Kenntniß der Anfanggründe dieser Disciplin, hier vorausgesetzt wird.

§. 72. Einleitung.

Folgende Bemerkungen und Sätze, werden bei einigen Erläuterungen leicht verständlich sein.

1) Wenn von Angabe der Stücke eines sphärischen Triangels in Zahlen die Rede ist (§. 71), so kann sich diese für die Winkel, nur auf Grade, Minuten u. s. w. beziehen, worüber §. 30, 6 nachzusehen ist. Aber auch die Seiten können, als Bogen, da die Kugel keine bestimmte Größe, d. h. ohne nähere Angabe eines Maaßes hier hat, nur in Hinsicht der Grade u. s. w. hier betrachtet werden. Will man die absolute Größe einer Seite haben, so lehrt die Kreisberechnung, solche für einen absoluten Halbmesser u. dgl. m., aus der Größe in Graden, herzuleiten. Es ist daher in der sphärischen Trigonometrie, auch nur von dem Maaße nach Graden, Minuten u. s. w. für die Seiten eines Triangels, die Rede.

2) In der sphärischen Trigonometrie, werden die Triangel mit derselben Einschränkung wie in der sphä-

rischen Geometrie geschah (§. 36, 4) betrachtet, wie denn überhaupt die im ersten Abschnitte gelehrten Sätze, den folgenden Untersuchungen durchaus zur Basis dienen.

3) Für die Seiten sphärischer Triangel, giebt es daher wie für die Winkel, die bekannten trigonometrischen Linien oder Functionen, als Sinus, Cosinus u. s. w., deren Bedeutung hier als bekannt angenommen wird. Da hier von keiner neuen Bedeutung dieser Linien die Rede ist, selbst nicht einmal von einer doppelten (etwa für die Seiten und für die Winkel in verschiedenem Sinne), so können die trigonometrischen Linien, auch in ihren gegenseitigen Bestimmungen, ganz wie in der ebenen Trigonometrie gebraucht werden, so, daß die verschiedenen trigonometrischen (besser goniometrischen genannt) Formeln, hier unbedingt zu übertragen sind. — Da nun in den Anfanggründen der Trigonometrie, diese Formeln wol nicht immer entwickelt werden, so sollen die vorzüglichsten von ihnen im Anhange (dem letzten Kapitel dieses Abschnittes folgend) entwickelt werden.

Anmerk. Als bekannt vorausgesetzt, können ohne Zweifel hier werden die Formeln: $r^2 = \sin^2 + \cos^2$ (so wie die hiermit zusammenhängenden Formeln für $\sin = \sqrt{(r^2 - \cos^2)}$ und $\cos = \sqrt{(r^2 - \sin^2)}$), ferner $\text{tang} = \frac{\sin}{\cos}$, $\cot = \frac{\cos}{\sin}$, $r^2 = \text{tang} \cot$, und dgl. Elementarformeln mehr.

4) Zur Bezeichnung der Winkel, bedient man sich häufig der griechischen Buchstaben, so daß die Winkel kurz durch einen dieser Buchstaben bezeichnet werden. Wenn von einem sphärischen Triangel die Rede ist, um die Relationen zwischen seinen Seiten und Winkeln aufzusuchen oder anzugeben, so sollen die Winkel durch die ersten Buchstaben α, β und γ, entsprechend denen an ihren Scheiteln stehenden großen lateinischen Buchstaben A, B und C., die Seiten aber kurz durch

die kleinen lateinischen Buchstaben a, b und c, entsprechend den großen Buchstaben der Scheitel ihrer gegenüberliegenden Winkel, bezeichnet werden; demnach liegen sich gegenüber: Seite a und $\angle\ \alpha$, Seite b und $\angle\ \beta$, Seite c und $\angle\ \gamma$ (Das griechische Alphabet selbst, soll, als vielleicht nicht Jedem bekannt, im Anhange, der Entwickelung der in Nr. 3. erwähnten Formeln vorhergehend, angeführt werden).

5) Wenn die beim sphärischen Triangel vorkommenden Seiten und Winkel, auch kleiner als 180° sind, (Nr. 2), unmittelbar für sie also auch nur die trigonometrischen Linien bis zu 180° gebraucht werden; so kommen durch Verbindungen der Stücke, oft größere Winkel und Seiten vor, daher man die Linien für diese Werthe zu beurtheilen, verstehen muß. Da nun in den Elementen der, hier vorausgesetzten ebenen Trigonometrie, die Betrachtung der Linien über die beiden ersten Quadranten (bis 180°) hinaus, selten geführt wird, so mögen diese Linien bis zu 360°, hier in ihren Eigenschaften genannt werden. Um sich von der Richtigkeit dieser Angaben zu überzeugen, sind die Entlehnungen ganz analog denen für die beiden ersten Quadranten, daher selbst eine Figur beizufügen, überflüssig erscheint. Uebrigens brauchen nur die Sinus, Cosinus, Tangente und Cotangente (sin, cos, tang, cot) berücksichtiget zu werden, da die anderen Linien (Sinusversus, Secante u. s. w.) als Resultate nicht weiter vorkommen, bei ihrer Erscheinung in einer Entwicklung aber, dem Anfänger der von ihnen einen richtigen Begriff hat, keine Schwierigkeiten weiter darbieten können.

I. Im dritten Quadranten, d. h. von 180° bis 270°, wächst mit dem Winkel oder mit dem Bogen der Sinus, ist aber stets negativ, bis bei 270° derselbe, der negative Radius, d. h. — sint ist. Der

Cosinus fällt mit dem Wachsen des Winkels, bleibt (wie er es im 2ten Quadranten ist) negativ, und ist bei 270°, wieder Null. — Die Tangente wächst mit dem Winkel, wird wieder positiv (im 2ten Quadranten war sie negativ), und ist unendlich groß oder + ∞ bei 270°. — Die Cotangente fällt mit dem wachsenden Winkel, ist wieder positiv (im 2ten Quadranten war sie negativ) und wird Null wenn der Winkel 270° geworden ist.

II. Im vierten Quadranten, d. h. von 270° bis 360°, fällt (beim Wachsen des Winkels oder des Bogens) der negativ bleibende Sinus, es wächst der positiv werdende Cosinus, es fällt die negativ werdende Tangente und es wächst die negativ werdende Cotangente. Bei 360° ist der Sinus Null, der Cosinus + sint, die Tangente Null, die Cotangente — ∞.

Fällt der (convexe) Winkel im vierten oder dritten Quadranten, so versteht es sich, daß das genannte Wachsen und Fallen der Linien, in Fallen und Wachsen sich ändert, die Eigenschaft aber (+ oder —), die genannte bleibt. Wollte man über 360° hinausgehen, so werden die sämmtlichen Linien wieder, wie sie von 0° anfangend, waren. —

6) Wichtig zu merken ist es auch noch, was die Linien für negative Winkel bedeuten. — Stellt man sich unter einem negativen Winkel nichts anders vor, als einen Winkel der die entgegengesetzte Lage in Beziehung zu einem, alsdann als positiv angenommenen Winkel, hat, dergestalt, daß bei ungeändert liegen bleibenden einen Schenkel, der andere Schenkel auf der anderen Seite (in Beziehung zur ersten Lage) zu liegen kömmt; so giebt die Betrachtung der, dann leicht wieder zu construirenden Linien, deren Größe sich nicht ändern kann (da sie von der Größe des Winkels ohne

Rücksicht auf die Lage desselben abhängt), für ihre Eigenschaften (die von der Lage abhängen, mit dieser also positiv oder negativ werden können) diese Resultate: der Sinus wird entgegengesetzt, der Cosinus behält seine Eigenschaft, die Tangente und die Cotangente werden entgegengesetzt ($-\sin : + \cos = -\tan g$, und $+\cos : -\sin = -\cot$).

7) Eben so wichtig, doch nicht so einfach ist es nun umgekehrt, aus einer berechneten Linie, den zugehörenden Grad (des Winkels, oder des Bogens d. h. der Seite) zu erkennen, was, wenn derselben gewiß unter 180° ist, wie in der ebenen Trigonometrie beurtheilt wird; z. B. erhält man $\sin \alpha = p$, so bleibt es unentschieden, ob α spitz oder stumpf zu nehmen ist, während wenn $\cos \alpha = -q$ ausfällt, $\angle \alpha$ gewiß stumpf ist, u. dgl. m. — Weiß man aber aus anderweitigen Ursachen nicht, ob der berechnete Grad unter 180° ist, sondern daß seine Größe bis 360° sein kann; so hat man noch die Eigenschaft (wenn auch nicht die Größe) einer zweiten Linie zu suchen, die mit der Eigenschaft der ersten, über den Quadranten entscheidet. Hiernach befindet sich ein Winkel, oder es ist ein Bogen:

1. Im ersten Quadranten, wenn man hat:
den Sinus und Cosinus positiv ($+\sin$ u. $+\cos$),
den Sinus u. die Tangente positiv ($+\sin$ u. $+\tan g$),
den Sinus u. die Cotangente positiv ($+\sin$ u. $+\cot$),
den Cosinus u. die Tangente positiv ($+\cos$ u. $+\tan g$),
den Cosinus u. die Cotangente posit. ($+\cos$ u. $+\cot$),
die Tangente u. d. Cotangente pos. ($+\tan g$ u. $+\cot$) *).

---

*) Es wird sich sogleich zeigen, daß $+\tan g$ und $+\cot$ unentschieden lassen, ob der Grad zum 1sten oder 3ten Quadranten gehört, so wie $-\tan g$ und $-\cot$, den Winkel im 2ten oder 4ten Quadranten geben.

II. Im zweiten Quadranten, wenn man hat:
+ sin und — cos, + sin und — tang, + sin u. — cot,
— cos und — tang, — cos und — cot, — tang u. — cot.

III. Im dritten Quadranten, wenn man hat:
— sin und — cos, — sin und + tang, — sin u. + cot,
— cos und + tang, — cos und + cot, + tang u. + cot

IV. Im vierten Quadranten, sobald ist:
— sin und + cos, — sin und — tang, — sin u. — cot,
+ cos und — tang, + cos und — cot, — tang u. — cot.

Anmerk. Führt eine Berechnung auf eine tang oder cot, und man weiß den Quadranten nicht zu dem der entsprechende Winkel oder Bogen gehört, so muß man nicht noch die cot oder die tang, sondern eine der anderen Linien zur Entscheidung suchen. — Findet man also z. B. tang $\alpha = -p$, und sucht dann den sin α, so ist, wenn dieser sich auch negativ zeigt, der Winkel im 4ten Quadranten; nachdem man also für p, ohne Rücksicht auf die Eigenschaft, in den Tabellen den Grad gesucht hat, zieht man diesen von 360° ab, um den $\angle \alpha$ selbst zu erhalten.

8) Was die Logarithmen der Linien betrifft, so sind sie für die Stücke bei sphärischen Triangeln, nach denselben Voraussetzungen (log sinl = 10) wie in der ebenen Trigonometrie berechnet, daher die bekannten Logarithmentafeln, für die Berechnungen der sphärischen Triangel, ganz die nemlichen bleiben.

§. 73. Aufgabe (Fig. 16 und 17).

Die Relationen zwischen zwei Seiten und denen diesen Seiten gegenüber liegenden Winkeln, so wie zwischen den drei Seiten und einen Winkel eines sphärischen Triangels, zu entwickeln.

Auflösung Wenn *) Δ ABC allgemein den sphärischen Triangel, dessen Seiten und Winkel nach

---

*) Zunächst wird Fig. 16. betrachtet; die Entwickelung gilt dann auch für Fig. 17.

§. 72, 4 bezeichnet sind, bedeutet; so stelle man sich die zugehörende Ecke am Mittelpuncte Q der Kugel, construirt vor (§. 36, 11), wo also AQB, BQC und AQC die drei, die Ecke bildenden ebenen Sectoren sind. Dann fälle man vom Scheitel eines der Winkel z. B. von A, auf die durch seine gegenüberliegende Seite BC gehende Ebene BQC, den Perpendikel AO (E) und von dem Puncte O auf die beiden, dem Sector BQC zugehörenden Radien QB und QC, die Senkrechten OD und OE. Verbindet man A mit den Puncten D und E, so sind die ebenen Winkel ADO und AEO, gegenseitig die Neigungwinkel der Ebenen AQB und BQC, und der Ebenen AQC und BQC gegen einander (E), welche Winkel wechselseitig gleich den sphärischen Winkeln B und C sind (§. 36, 11), d. h. $\angle ADO = \angle \beta$ und $\angle AEO = \angle \gamma$ (§. 72, 4). Durch einen der Puncte D oder E, z. B. durch D, ziehe man eine Parallele DF mit dem, dem anderen Puncte (E) zukommenden Perpendikel OE, bis in F der Radius CQ geschnitten wird. Durch den Punct O, ziehe man dann noch die Linie OG parallel dem Radius CQ, bis die Linie DF in G geschnitten wird. — Hätte der Perpendikel AO, den Sector BQC nicht selbst, sondern seine Erweiterung getroffen, so stellt Figur 17. diese, der vorigen Construction ganz analoge Zeichnung dar; OD und OE sind die Perpendikel auf den Radien QB und QC, die Verbindunglinien AD und AE, geben $\angle AEO = \angle \gamma$ und $\angle ADO$ als Nebenwinkel des Neigungwinkels der Ebenen AQB und BQC, DF ist $\#$ OE, und OG $\#$ QC bis zur verlängerten FD, weil die FD dann nicht selbst geschnitten wird. — Leicht lassen sich nun die folgenden Urtheile für Fig. 16, auf Fig. 17. übertragen.

Laut Construction ist $\angle ODQ = R$, da aber

auch $\angle$ DFQ (als $= \angle$ OEQ) $=$ R ist, so ist im Δ DFQ, $\angle$ FDQ $+ \angle$ DQF $=$ R. Aber $\angle$ ODQ $= \angle$ ODF $+ \angle$ FDQ, also

$$\angle FDQ + \angle DQF = \angle ODF + \angle FDQ;$$

wird $\angle$ FDQ $=$ $\angle$ FDQ

abgezogen, so bleibt $\angle$ DQF $= \angle$ ODF, d. h.

$$\angle BQC = \angle ODG,$$

und es ist $\angle$ BQC $=$ a (§. 36, 11 und §. 31, 7). — Setzt man den Halbmesser der Kugel gleich 1, so ist, da laut Construction $\angle$ AOD $= \angle$ AOE $= \angle$ ADQ $= \angle$ AEQ $=$ R ist, im rechtwinklichen Δ AOD,

AO $=$ AD sin ADO $=$ AD sin β (T), so wie im ΔAOE, AO $=$ AE sin AEO $=$ AE sin γ. Weil aber AD $=$ sin AQB $=$ sin c, und AE $=$ sin AQE $=$ sin b, so wird AO $=$ sin c sin β und AO $=$ sin b sin γ, folglich sin c sin $\beta =$ sin b sin γ, woraus die Proportion folgt:

I. sin c : sin b $=$ sin γ : sin β,

in welcher zwei Seiten und die ihnen gegenüberliegenden Winkel, erscheinen.

Ferner ist im Δ ODG, OG $=$ OD sin ODG $=$ OD sin BQC *) $=$ OD sin a, und da im Δ ADO, OD $=$ AD cos ADO $=$ sin c cos β ist, so ist OG $=$ sin c cos β sin a. Aber OG $=$ EF (laut Construction), also EF $=$ sin c cos β sin a. Im Δ DQF ist ferner QF $=$ QD cos DQF $=$ cos AQD cos DQF $=$ cos AQB cos BQC $=$ cos c cos a. Man hat also:

II. QE $=$ cos AQE $=$ cos b $=$ QF $+$ FE $=$ cos c cos a $+$ sin c cos β sin a, in welcher Gleichung die drei Seiten und ein Winkel vorkommen.

Wollte man für Fig. 17. diese gesuchten, durch beide Gleichungen I. und II. gefundenen Relationen

*) Vorher gefunden $\angle$ ODG $= \angle$ BQC $=$ a.

entwickeln; so geschieht die Herleitung der Gleichung I. wie vorher, nemlich durch die Gleichsetzung der, aus den beiden Triangeln ADO und AEO, für AO erhaltenen beiden Werthe, wobei zu merken ist, daß, da $\angle$ ADO der Nebenwinkel des Neigungwinkels der Ebenen AQB und BQC ist, der sin ADO $=$ sin β ist, während cos ADO $= -$ cos β wird. — Bei der Herleitung der Gleichung II. ist wiederum zuerst QD $=$ cos AOB $=$ cos c, daher QF $=$ QD cos DQF $=$ cos c cos a (wie vorher); dann FE $=$ OG $=$ OD sin ODG, da aber OD $=$ AD cos ODA $=$ sin AQB cos ODA $=$ sin c. — cos β $= -$ sin c cos α, so ist FE $= -$ sin c cos β sin ODG. Aber $\angle$ ODG $= \angle$ NDQ (wenn man OD verlängert) $= \angle$ DQF $=$ a, weil $\angle$ FDQ beide Winkel zu 90° ergänzt; also FE $= -$ sin c cos β sin a. Nun ist

$$QE = \cos b = QF - FE =$$

cos c cos a $- -$ sin c cos β sin a $=$ cos c cos a $+$ sin c cos β sin a, also die Gleichung ganz wie vorher.

Zusatz 1. Weil die Construction und Ausführung der Entwickelung obiger beiden Gleichungen, wenn man den Perpendikel von einer anderen Winkelspitze aus gefällt hätte, offenbar auf dieselben Resultate führen würde, mit dem einzigen Unterschiede in den Werthen der Gleichungen, daß nemlich statt einer der vorkommenden Seiten und ihrem gegenüber liegenden Winkel, eine der anderen Seiten und deren gegenüber liegender Winkel darin vorkommen würden; so lassen sich aus jeder der beiden gefundenen Gleichungen, noch zwei andere ganz analoge Gleichungen herleiten, wo nur andere Seiten und deren entsprechende Winkel, vorkommen. — Diese beiden hierdurch entstehenden Klassen von Gleichungen, sind die Fundamentalrelationen aller, bei sphärischen Triangeln vorkommenden Entwickelungen. Sie sind also:

aus der I. Gleichung.
$$\left.\begin{array}{l} \sin c \sin \beta = \sin b \sin \gamma \\ \sin a \sin \beta = \sin b \sin \alpha \\ \sin a \sin \gamma = \sin c \sin \alpha \end{array}\right\} \text{Klasse I.}$$

aus der II. Gleichung.
$$\left.\begin{array}{ll} \cos b & = \cos c \cos a + \sin c \sin a \cos \beta \\ \cos c^{*)} & = \cos b \cos a + \sin b \sin a \cos \gamma \\ \cos a & = \cos b \cos c + \sin b \sin c \cos \alpha \end{array}\right\} \text{Klasse II.}$$

Zusatz 2. Die Klasse I. enthält, wenn man aus den Gleichungen Proportionen bildet, (z. B. $\sin c : \sin b = \sin \gamma : \sin \beta$) den höchst wichtigen Satz:

Im sphärischen Triangel, verhalten sich die Sinus der Seiten, wie die Sinus der gegenüber liegenden Winkel.

Das Gesetz bei der Klasse II., deren Relationen auch nicht schwer zu behalten sind, läßt sich nicht wol in einem so einfachen Satze wie der eben genannte ist, aussprechen; man merke nur, daß der Cosinus des Winkels erscheint, dessen gegenüber liegende Seite durch ihren Cosinus bestimmt ist. Veränderungen mit diesen Gleichungen, welche durch einfache Umwandelungen leicht in großer Menge erzeugt werden können, sind natürlich nicht als neue Sätze anzusehen, und ergeben sich sehr einfach in vorkommenden Fällen. — Daß überall der $\sin t = 1$ gesetzt ist, darf nicht vergessen werden.

§. 74. Aufgabe.

Die Relationen zwischen den drei Winkeln und einer Seite eines sphärischen Triangels, zu entwickeln.

Auflösung. Setzt man den Werth für cos b

---

*) In die 1ste Gleichung setzt man c und γ, statt b und β, daher auch b statt c; ähnlich bei der folgenden dritten Gleichung, welche aus der 1sten oder aus der 2ten abgeleitet wird.

aus der ersten Gleichung der Klasse II. (Zusatz 1. zum vorigen §.), in die beiden anderen Gleichungen jener Klasse, so erhält man:

$$\cos c = \cos c \cos a^2 + \sin c \sin a \cos a \cos \beta + \sin b \sin a \cos \gamma \text{ und}$$

$$\cos a = \cos a \cos c^2 + \sin c \sin a \cos c \cos \beta + \sin b \sin c \cos \alpha,$$

oder, für $\cos a^2$ und $\cos c^2$ die bekannten, ihnen wechselseitig gleichen Werthe $1 - \sin a^2$ und $1 - \sin c^2$ gesetzt, giebt (die unterstrichenen Werthe heben sich dann gegenseitig):

$$\underline{\cos c} = \underline{\cos c} - \cos c \sin a^2 + \sin c \sin a \cos a \cos \beta + \sin b \sin a \cos \gamma$$

und

$$\underline{\cos a} = \underline{\cos a} - \cos a \sin c^2 + \sin c \sin a \cos c \cos \beta + \sin b \sin c \cos \alpha.$$

Dividirt man die erste von diesen Gleichungen durch $\sin a$, die zweite aber durch $\sin c$, und bringt die beiden ersten Glieder der rechten Seite auf die linke Seite; so erhält man:

$$\left.\begin{aligned} \cos c \sin a - \sin c \cos a \cos \beta &= \sin b \cos \gamma \\ \cos a \sin c - \sin a \cos c \cos \beta &= \sin b \cos \alpha \end{aligned}\right\}$$

Man bezeichne diese Gleichungen durch N.

Die erste dieser Gleichungen mit $\cos \beta$ multiplicirt, und dann beide Gleichungen addirt, giebt:

$\cos c \sin a \cos \beta - \sin c \cos a \cos \beta^2 + \cos a \sin c - \sin a \cos c \cos \beta = \sin b \cos \gamma \cos \beta + \sin b \cos \alpha$. Für $\cos \beta^2$ setze man $1 - \sin \beta^2$, so wird daraus die neue Gleichung (in welcher die unterstrichenen Glieder gegenseitig sich heben):

$$\underline{\cos c \sin a \cos \beta} - \underline{\sin c \cos a} + \sin c \cos a \sin \beta^2 + \underline{\cos a \sin c} - \underline{\sin a \cos c \cos \beta} = \sin b \cos \gamma \cos \beta + \sin b \cos \alpha,$$

oder:

$$\sin c \cos a \sin \beta^2 = \sin b (\cos \gamma \cos \beta + \cos \alpha),$$

oder geschrieben als:

$$\sin c \sin \beta \cos a \sin \beta = \sin b (\cos \gamma \cos \beta + \cos \alpha).$$

Setzt man für $\sin c \sin \beta$, den Werth $\sin b \sin \gamma$ (I. Klasse §. 73 Zus. 1), so wird $\sin b \sin \gamma \cos \alpha \sin \beta = \sin b (\cos \gamma \cos \beta + \cos \alpha)$. Dividirt man auf beiden Seiten durch den Factor $\sin b$, so erhält man endlich:

$\sin\gamma \cos a \sin\beta = \cos\gamma \cos\beta + \cos\alpha$, oder
$\cos\alpha = \sin\gamma \sin\beta \cos a - \cos\gamma \cos\beta$.

Diese Relation zwischen den drei Winkeln und einer Seite, läßt sich nach der, im Zusatz 1. zum vorigen §. genannten Versetzung der Seiten und Winkel, noch auf zwei andere analoge Relationen bringen, so daß eine neue Klasse von Gleichungen entsteht. Die drei Gleichungen sind nemlich dann:

$$\left.\begin{array}{l}\cos\alpha = \sin\gamma \sin\beta \cos a - \cos\gamma \cos\beta \\ \cos\beta = \sin\gamma \sin\alpha \cos b - \cos\gamma \cos\alpha \\ \cos\gamma = \sin\beta \sin\alpha \cos c - \cos\beta \cos\alpha\end{array}\right\} \text{Klasse III.}$$

Anmerk. Der eben gezeigten analytischen Entwickelung, läßt sich die eben so elegante Entwickelung dieser Gleichungen, durch Hülfe des Polartriangels (§. 40 Zusatz 2) zur Seite setzen. Man stelle sich nemlich den Polartriangel P des gegebenen Triangels T vor, benenne die Seiten und Winkel des Triangels P, mit a', b', c', α', β', und γ', wie sie nemlich wechselseitig die Supplemente der Winkel α, β, γ, und der Seiten a, b und c des Triangels T sind (§. 41). Da nun Supplementwinkel dieselben Sinus, aber entgegengesetzte Cosinus haben, so kann man aus der ersten Gleichung der Klasse II. (§. 73 Zusatz 1.), unmittelbar für den Polartriangel P geltend, die Gleichung setzen:

$- \cos\beta' = - \cos\gamma' . - \cos\alpha' + \sin\gamma' \sin\alpha' . - \cos b'$, d. h.
$- \cos\beta' = \cos\gamma' \cos\alpha' - \sin\gamma' \sin\alpha' \cos b'$, oder
$\cos\beta' = \sin\gamma' \sin\alpha' \cos b' - \cos\gamma' \cos\alpha'$,

welches genau die vorher gefundene Gleichung (nemlich die zweite in der Klasse III.) ist, indem man sie auch setzen kann $\cos\beta = \sin\gamma \sin\alpha \cos b - \cos\gamma \cos\alpha$, weil nemlich der Polartriangel als sphärischer Triangel, auch wieder allgemein in seinen Seiten und Winkeln a, b, c, α, β und γ, genannt werden kann.

§. 75. Aufgabe.

Die Relationen zwischen vier einander folgenden Stücken (d. h. zwischen zwei Seiten und zwei Winkeln, welche durch kein Stück getrennt liegen) eines sphärischen Triangels zu finden.

Auflösung. Aus den beiden ersten Gleichungen der Klasse I (§. 73), erhält man zwei Werthe für sin b, nemlich $\sin b = \frac{\sin c \sin\beta}{\sin\gamma}$ und $\sin b = \frac{\sin a \sin\beta}{\sin\alpha}$. Setzt man den ersten dieser Werthe in die erste, und den anderen in die zweite der mit N bezeichneten, im vorigen §. entwickelten Gleichungen, *) so erhält man, wenn man zugleich für $\frac{\cos\gamma}{\sin\gamma}$ setzt $\cot\gamma$, so wie für $\frac{\cos\alpha}{\sin\alpha}$ setzt $\cot\alpha$, die Gleichungen:

$$\left.\begin{array}{l}
\cos c \sin a - \sin c \cos a \cos\beta = \sin\beta \sin c \cot\gamma \\
\cos a \sin c - \sin a \cos c \cos\beta = \sin\beta \sin a \cot\alpha \;{}^{**)} \\
\cos c \sin b - \sin c \cos b \cos\alpha = \sin\alpha \sin c \cot\gamma \\
\cos a \sin b - \sin a \cos b \cos\gamma = \sin\gamma \sin a \cot\alpha \\
\cos b \sin a - \sin b \cos a \cos\gamma = \sin\gamma \sin b \cot\beta \\
\cos b \sin c - \sin b \cos c \cos\alpha = \sin\alpha \sin b \cot\beta
\end{array}\right\} \text{Klasse IV.}$$

Anmerk. Die Ableitung der vier letzten dieser sechs Gleichungen aus den zwei ersten, geschieht nach der im Zusatz 1. zu §. 73 gegebenen Anleitung sehr einfach. Man erhält nemlich die 3te Gleichung, wenn man bei der ersten a mit b, daher auch β mit α vertauscht, die übrigen Werthe aber läßt: dann die 4te aus der 2ten, wenn c mit b, folglich auch β mit γ vertauscht wird. Eben so entsteht die 5te Glchg. aus der ersten, durch Vertauschung von c mit b, daher auch γ mit β und β mit γ, so wie endlich die 6te aus der 2ten, durch Vertauschung von a mit b, α mit β und β mit α entsteht. — Leicht überzeugt man sich, daß diese sechs Gleichungen alle Zusammenstellungen von jedweden vier einander folgenden Stücken, enthalten. — Auch kann man aus der ersten Glei-

---

*) Wollte man die Aufgabe des gegenwärtigen §'s, ohne Hülfe von §. 74. lösen, so hat man die in §. 74. genannte Entwickelung, bis zu den Gleichungen N, hier zu wiederholen.

**) Siehe die Anmerkung zum §.

chung schon die 2te ableiten, wenn zugleich c mit a und a mit c, daher auch γ mit α vertauscht wird, u. dgl. m., wie denn überhaupt jede der sechs Gleichungen, die übrigen fünf durch solche Vertauschungen, aus sich bilden läßt.

§. 76. Zusätze.

1) Wird jede der sechs Gleichungen des vorigen §'s, durch den Factor der rechten Seite, welcher der Sinus einer Seite ist, dividirt, und $\frac{\cos}{\sin} = \cot$ gesetzt; so erhält man folgende sechs Gleichungen;

$$\left.\begin{array}{l}
\cot c \sin a - \cos a \cos \beta = \sin \beta \cot \gamma \\
\cot a \sin c - \cos c \cos \beta = \sin \beta \cot \alpha \\
\cot c \sin b - \cos b \cos \alpha = \sin \alpha \cot \gamma \\
\cot a \sin b - \cos b \cos \gamma = \sin \gamma \cot \alpha \\
\cot b \sin a - \cos a \cos \gamma = \sin \gamma \cot \beta \\
\cot b \sin c - \cos c \cos \alpha = \sin \alpha \cot \beta
\end{array}\right\} \text{Klasse V.}$$

Diese Formeln enthalten die Relationen zwischen vier einander folgenden Stücken noch einfacher, als die Formeln des vorigen Paragraphs.

2) Betrachtet man die fünf Klassen von Formeln, von §. 73 bis zum eben genannten Zusatze, bei welchen letzteren Formeln wol zu merken ist, daß sie nur eine Verkürzung der Formeln der 4ten Klasse sind; so zeigt ein Blick auf die Bedingungen der Aufgaben, in Vergleich mit denen §. 71 genannten Stücken, daß diese Klassen den einzelnen Fällen welche zur Bestimmung eines sphärischen Triangels führen, vollkommen entsprechen, mit der Bemerkung, daß es allerdings von den gegebenen Stücken noch abhängt, ob der Triangel auch möglich, und dann bei den Stücken wie §. 62 sie nennt, auch bestimmt oder unbestimmt ist. — Da übrigens die erste Formel jeder Klasse, schon das Gesetz zwischen den Stücken darstellt, indem die übrigen Gleichungen nur die Ausführung der Vertauschungen schon

enthalten, so kann eine kurze Wiederholung, die Gesetze so geben:

Klasse I. (§. 73 Zus. 1.) entspricht den Bedingungen §. 62, wonach man aus zwei Seiten und dem der einen Seite gegenüberliegenden Winkel, den der anderen Seite gegenüberliegenden Winkel, oder aus zwei Winkeln und der dem einen derselben gegenüberliegenden Seite, die dem anderen Winkel gegenüberliegende Seite, findet, versteht sich, in so fern man weiß: ob der mögliche Triangel auch bestimmt oder unbestimmt ist.

Klasse II. (§. 73 Zus. 1.) entspricht dem Satze §. 49, indem man durch die drei Seiten, jeden der Winkel darstellen kann (wobei die gegebenen Seiten den Bedingungen §. 39 entsprechen müssen).

Klasse III. (§. 74) entspricht den Bedingungen des §. 51, indem hiernach durch die drei Winkel, jede der Seiten darzustellen ist (der Satz §. 43, ist wol bei der Wahl der Winkel zu beachten).

Klasse V. entspricht den Sätzen §. 45 und §. 46, indem wenn vier einander folgende Stücke betrachtet werden, zwei Seiten und der eingeschlossene Winkel als gegeben, und dann jeder der beiden anderen Winkel als der gesuchte (das 4te der einander folgenden Stücke), oder wenn eine Seite und die beiden anliegenden Winkel als gegeben angesehen werden, jede der anderen Seiten, als das zu suchende Stück zu betrachten ist.

Die vier Gesetze für diese, alle Stücke welche den sphärischen Triangel bestimmen, enthaltenden Fälle, liegen dennoch in den vier Gleichungen:

$$\sin c \sin \beta = \sin b \sin \gamma \quad \text{(Klasse I)}$$

$$\cos b = \cos c \cos a + \sin c \sin a \cos \beta \quad \text{(Klasse II)}$$

$$\cos \alpha = \sin \gamma \sin \beta \cos a - \cos \gamma \cos \beta \quad \text{(Klasse III)}$$

$$\cot c \sin a - \cos a \cos \beta = \sin \beta \cot \gamma \quad \text{(Klasse V).}$$

3) Hiermit könnte man die Aufgabe der sphärischen

schen Trigonometrie (§. 71) als vollendet ansehen, wenn nicht zu bemerken wäre, daß die drei letzten der eben genannten Gleichungen, offenbar sehr unbequem für die logarithmischen Rechnungen sind, und dann, daß nur die beiden mittleren Gleichungen, aus den drei gegebenen Stücken, jedes der unbekannten Stücke anzugeben lehren, während die beiden äußeren Gleichungen, unmittelbar nur gewisse (vorher genannte) Stücke finden lehren, die übrigen Stücke aber durch jene gegebenen Stücke zu finden, noch zu lehren ist. Außer diesen wichtigen Gründen, sind es noch eine Menge von Bemerkungen, die sich bei der Auflösung der sphärischen Triangel ergeben, daher dieser Auflösung ein eigenes bedeutendes Kapitel zu widmen ist.

§. 77. Anmerkung.

Als aus der ebenen Trigonometrie bekannt, könnte vorausgesetzt werden, daß der Leser weiß, eine Formel welche für den Radius 1 entwickelt ist, wieder auf den willkührlich, allgemein als r angenommenen Radius, zurück zu führen, was besonders nöthig ist, wenn logarithmische Rechnungen angewendet werden. Da diese Zurückführung nun im folgenden Kapitel wichtig wird, in dem Wege zu derselben aber oft gefehlt wird, sey hier das Folgende bemerkt. — Soll eine, für den Radius 1 berechnete trigonometrische Form, auf den Radius r gebracht werden, so dividire man alle vorkommenden Linien durch r, und reducire die erhaltene Form auf den möglichst einfachen Ausdruck. Denn: wollte man in der erst gegebenen Form, bei den Linien den Radius r nehmen, so hätte man alle Linien mit r multiplicirt, da sie für den Radius 1 gelten; werden sie also alle wieder durch r dividirt, so bleibt der Werth der Form ungeändert. — Hat man also z. B. die Form $\sin \delta = \sin \mu \cos \lambda$, so wird sie für den Radius r, diese:

$$\frac{\sin\delta}{r} = \frac{\sin\mu}{r} \cdot \frac{\cos\lambda}{r}, \text{ oder } r\sin\delta = \sin\mu\cos\lambda.$$

Ferner sei $\operatorname{tang}\frac{\alpha}{2} = \sqrt{\frac{\cos\psi\sin\varphi}{\sin(\alpha+\delta)}}$, so wird

$$\frac{\operatorname{tang}\frac{\alpha}{2}}{r} = \sqrt{\left(\frac{\frac{\cos\psi}{r}\cdot\frac{\sin\varphi}{r}}{\frac{\sin(\alpha+\delta)}{r}}\right)}, \text{ oder}$$

$$\frac{\operatorname{tang}\frac{\alpha}{2}}{r} = \sqrt{\left(\frac{\cos\psi\ \sin\varphi}{r\sin(\alpha+\delta)}\right)}, \text{ d. h.}$$

$$\operatorname{tang}\frac{\alpha}{2} = r\sqrt{\left(\frac{\cos\psi\ \sin\varphi}{r\sin(\alpha+\delta)}\right)} = \sqrt{\left(\frac{r\cos\psi\sin\varphi}{\sin(\alpha+\delta)}\right)};$$

u. dgl. Umwandelungen mehr.

Zweites Kapitel.

Auflösung der sphärischen Triangel.

A. Auflösung der rechtwinklich sphärischen Triangel und der Quadrantentriangel.

§. 78. Aufgabe.

Die im vorigen Kapitel für die sphärischen Triangel allgemein gefundenen Relationen zwischen den Seiten und Winkeln, für den rechtwinklichen Triangel besonders einzurichten.

Auflösung. Der im vorigen Kapitel stets betrachtete und wie dort bezeichnete Δ ABC, habe den Winkel β **recht**; dann erhält man aus den vier Klassen von Relationen zwischen den Seiten und Winkeln, die beim rechtwinklichen Triangel gesuchten Verbindungen, wenn man die Gleichungen auswählt, welche den Winkel β enthalten, indem dann $\sin\beta = 1$, $\cos\beta = 0$ und $\cot\beta = 0$ gesetzt wird. Man erhält demnach die Gleichungen:

1) $\sin c = \sin b \sin\gamma$
2) $\sin a = \sin b \sin\alpha$ } §. 73, Klasse I.

3) $\cos b = \cos c \cos a$ (§. 73, Klasse II.)

4) $\cos\alpha = \sin\gamma \cos a$
5) $\cos b = \cot\gamma \cot\alpha$ *)
6) $\cos\gamma = \sin\alpha \cos c$ } §. 74, Klasse III.

7) $\cot\gamma = \cot c \sin a$
8) $\cot\alpha = \cot a \sin c$
9) $\cos\gamma = \cot b \tang a$
10) $\cos\alpha = \cot b \tang c$ } §. 76, Klasse V. Aus der 1sten, 2ten, 5ten und 6ten Gleichung daselbst hergeleitet.

Eine einfache Umwandelung giebt diese 10 Gleichungen auch in folgender Form:

1) $\cos(90^\circ - c) = \sin b \sin\gamma$
2) $\cos(90^\circ - a) = \sin b \sin\alpha$
3) $\cos b = \sin(90^\circ - c) \sin(90^\circ - a)$
4) $\cos\alpha = \sin\gamma \sin(90^\circ - a)$
5) $\cos b = \cot\gamma \cot\alpha$ (unverändert wie oben)
6) $\cos\gamma = \sin\alpha \sin(90^\circ - c)$
7) $\cos(90^\circ - a) = \cot\gamma \cot(90^\circ - c)$ **)
8) $\cos(90^\circ - c) = \cot\alpha \cot(90^\circ - a)$
9) $\cos\gamma = \cot b \cot(90^\circ - a)$
10) $\cos\alpha = \cot b \cot(90^\circ - c)$

---

*) Zuerst wird die 2te Gleichung der III. Klasse, diese: $0 = \sin\gamma \sin\alpha \cos b - \cos\gamma \cos\alpha$; oder $\cos\gamma \cos\alpha = \sin\gamma \sin\alpha \cos b$; auf beiden Seiten durch $\cos\gamma \cos\alpha$ dividirt, giebt die oben genannte Gleichung.

**) Erst erhält man $\cot\gamma \cdot \frac{1}{\cot c} = \sin a$, wofür man setzen

Diese 10 Gleichungen enthalten jede Zusammenstellung beim rechtwinklichen Triangel, zwischen drei beliebig zu wählende der fünf Stücke. Man kann daher, wenn zwei derselben gegeben sind, immer das dritte Stück berechnen, wobei, wenn das berechnete Stück ein Sinus ist, aus den Regeln §. 53. zu bestimmen bleibt, ob der zugehörende Grad, kleiner oder größer 90° ist, oder wirklich unbestimmt bleibt, welches letztere geschieht, wenn eine Kathete und ihr gegenüber liegender Winkel gegeben sind, und dann die Art eines der drei anderen Stücke, bestimmt werden soll. Ist aber die Art eines derselben erst bestimmt, so folgen die Arten der beiden übrigen Stücke, einfach nach den Regeln §. 53. Auch ist zu merken, daß die Größen $\cos(90^\circ - \delta)$ *) und $\cot(90^\circ - \delta)$ in den vorigen Formeln, nur der Form nach Cosinus und Cotangenten, dem Werthe nach aber nur Sinus und Tangenten (nemlich $\sin\delta$ und $\tan\delta$) sind. — (Ueber alles dies wird im nächsten §. das etwa Auffallende, näher bestimmt werden).

§. 79. Lehnsatz.

Die vorher gefundenen zehn Gleichungen, ordne man in dieser Folge:

1) $\cos(90^\circ - c) = \sin b \sin\gamma$; 2) $\cos(90^\circ - c) = \cot\alpha \cot(90^\circ - a)$;
3) $\cos(90^\circ - a) = \sin b \sin\alpha$; 4) $\cos(90^\circ - a) = \cot\gamma \cot(90^\circ - c)$;
5) $\cos b = \sin(90^\circ - c) \sin(90^\circ - a)$; 6) $\cos b = \cot\gamma \cot\alpha$;
7) $\cos\alpha = \sin\gamma \sin 90^\circ - a)$; 8) $\cos\alpha = \cot b \cot(90^\circ - c)$;
9) $\cos\gamma = \sin\alpha \sin(90^\circ - c)$; 10) $\cos\gamma = \cot b \cot(90^\circ - a)$.

Diese 10 Gleichungen oder Formeln, für die auf der

---

kann $\cot\gamma \tan c = \cot\gamma \cot(90^\circ - c) = \cos(90^\circ - a)$. Eben so bei der 8ten Gleichung.

*) Es steht hier δ allgemein, statt der besonderen Werthe c und a der vorigen Gleichungen.

ersten Seite der Gleichungen stehenden Werthe, *) lassen sich unter eine Regel bringen, die von ihrem Entdecker Neper (dem Erfinder der Logarithmen) die Nepersche Regel heißt. Um sie zu verstehen merke man:

1. Wenn der rechte Winkel des rechtwinklichen Triangels, ganz unberücksichtiget bleibt, so nennt man von den übrigen fünf Stücken, zwei Stücke anliegend, wenn sie unmittelbar aneinander liegen, z. B. b ist mit α, a mit c (den R nemlich unbeachtet gelassen), α mit c u. dgl m. anliegend; dagegen heißen zwei Stücke getrennt liegend, wenn ein Stück zwischen ihnen liegt, z. B. α und γ, b und a, γ und c (wieder R außer Acht gelassen) sind getrennt liegende Stücke. — Eine einfache Entlehnung bei Betrachtung der Figur (oder bei Betrachtung von fünf gleichsam im Kreise liegenden Stücken) zeigt nun sogleich, daß jedes der fünf Stücke, unter den übrigen vieren, zwei anliegende und zwei getrennt liegende Stücke hat, und eben so daß, wenn man drei Stücke willkührlich unter den fünfen wählt, unter diesen drei Stücken stets eines ist, dem die beiden anderen Stücke, entweder beide anliegen oder beide getrennt liegen. Z. B. bei den Stücken a, γ und α, ist α das Stück, dem die beiden Stücke γ und a getrennt liegen; oder bei c, b und a, ist b das Stück, dem die Stücke a und c getrennt liegen; bei c, a und γ, sind die Stücke c und γ, dem Stücke a anliegend, u. dgl. m.

2. So oft in der nachfolgenden Regel von einer (trigonometrischen) Linie einer der Katheten die Rede

---

*) Durch einfache Division findet man die Formeln für die anderen Stücke, z. B. aus der 1sten Formel ist wieder $\sin b = \cos(90° - c) : \sin \gamma$, u. s. w.

ist, nehme man stets das Complement dieser Kathete; z. B. statt sin a, setze man sin (90° — a), statt cos c, wird cos (90° — c), statt cot c aber cot (90° — c) u. s. w. —

3. Nun ist die Regel:

Beim rechtwinklichen sphärischen Triangel, ist der Cosinus eines Stücks, stets gleich dem Producte aus den Sinussen der getrennt liegenden Stücke, oder gleich dem Producte aus den Contangenten der anliegenden Stücke.

Ein Blick auf die zu Anfang des §'s zusammengestellten Gleichungen, nebst Beachtung der beiden so eben gemachten Voraussetzungen, zeigt die Richtigkeit dieser sehr eleganten, allgemeinen und leicht zu behaltenden Regel, auf dem Wege der Induction und der Entlehnung gefunden. — Deutlich ist nun, warum die Complemente der Katheten statt ihrer, stets eingeführt sind. — Uebrigens sind die zehn Formeln, nur der Vollständigkeit wegen angeführt, das Gesetz für jene Regel, liegt schon in sechs jener Gleichungen, denn die Gleichungen für eine der Katheten oder für einen der Hypothenusenwinkel, enthalten durch einfache Versetzung der Buchstaben der analog liegenden Stücke (§. 73, Zusatz 1), auch die Gleichungen für das zweite dieser Stücke.

Zusatz. Bei Betrachtung der Formeln, in denen die gesuchte Größe durch Contangenten bekannter Werthe berechnet wird, selbst aber durch ihren Cosinus erscheint; bieten sich wesendliche Bemerkungen dar, die nicht wol übergangen werden können. Nimmt man nemlich die drei (unter diesen fünf) eigentlich nur verschiedenen Formeln, läßt auch statt der Complemente die Winkel selbst wieder erscheinen (was doch bei der Berechnung selbst stets geschieht); so hat man die For-

meln (Nr. 2, 6 und 7 der zu Anfang des §'s gegebenen zehn Formeln)
$r \sin c = \cot\alpha \tang a$, $r \cos b = \cot\gamma \cot\alpha$ und $r \cos\alpha = \cot b \tang c$ (indem nach §. 77. auch r eingeführt wird). Nun ist bekannt, daß bei einem beliebigen Winkel z. B. δ, stets $r^2 = \tang\delta \cot\delta$ ist. Ist also das Product der beiden Factoren auf der rechten Seite dieser drei Gleichungen, r^2, so behält man $\sin c = r$, $\cos b = r$ und $\cos\alpha = r$, wonach $c = 90^\circ$, b aber und $\alpha = o$ werden. Wird aber das Product der rechten Seite größer r^2, so giebt es keinen Bogen dessen Sinus oder Cosinus größer r ist (indem aus $r \sin c = \cot\alpha \tang a$, wenn $\cot\alpha \tang\alpha > r^2$ wird, $\sin c > r$ folgt; analog bei den beiden anderen Formeln). Hieraus ergiebt sich:

1) Bei Betrachtung der Formel $r \sin c = \cot\alpha \tang a$, daß der Triangel unmöglich ist, wenn $\cot\alpha \tang a > r^2$, d. h. wenn die Werthe α und a so gegeben sind, daß die Grade beider (so fern sie in den Tafeln zum Behuf der trigonometrischen Linien aufgeschlagen werden) zusammen mehr als 90° ausmachen, also wenn a + Complement $\alpha > 90^\circ$ ist. Daher muß wenn α gegeben ist, a sich auf gewisse Weise danach richten, und umgekehrt richtet sich α nach dem etwa zuerst gegebenen a; und zwar so: Nach §. 53, 3. sind α und a stets gleichartig, ist also $\alpha < 90^\circ$, so muß $a < \alpha$ sein, denn dann ist $90^\circ - \alpha + a < 90^\circ$, und man erhält, weil nun die beiden Winkel $90^\circ - \alpha$ und a für welche man die Tangenten sucht ($\tang(90^\circ - \alpha) = \cot\alpha$) weniger als 90° machen, auch das Product beider kleiner r^2, also $\sin c < r$ wie es sein muß. Ist aber $\alpha > 90^\circ$ (also auch $a > 90^\circ$), so muß $a > \alpha$ sein, denn indem man $\cot\alpha$ sucht, wird der Winkel $\alpha - 90^\circ$ genommen, und bei $\tang a$, werden die Grade für $180^\circ - a$

gesucht, und da $\alpha - 90^\circ + 180^\circ - a = 90^\circ + \alpha - a$ (bei $a > \alpha$) kleiner 90° ist, so wird das Product $\cot\alpha \tang a < r^2$, also $\sin c < r$, wie es sein muß. — Hieraus ergiebt sich nun der Satz:

Ist eine Kathete, und mithin auch ihr gegenüber liegender Winkel (§. 53, 3) kleiner 90°, so muß die Kathete kleiner als der Winkel sein, sind aber beide größer 90°, so ist der Winkel kleiner als die Kathete.

2) Die zweite Formel $r \cos b = \cot\gamma \cot\alpha$, führt durch analoge Betrachtungen auf den Satz:

Die Summe der Complemente der Hypothenusenwinkel γ und α (welche gleich- oder ungleichartig sein können), müssen kleiner 90°, sein.

3) Die dritte Formel $r \cos\alpha = \cot b \tang c$ enthält, da b und c gleich- oder ungleichartig sein können, den Satz:

Das, durch $\mp 90^\circ \pm b$ ausgedrückte Complement von b (die unteren Zeichen für $b < 90^\circ$, die oberen Zeichen für $b > 90^\circ$ geltend) muß, wenn $c < 90^\circ$ ist, mit c zusammen $< 90^\circ$ (d. h. $b > c$) sein; oder mit $180^\circ - c$ zusammen $< 90^\circ$ sein, wenn $c > 90^\circ$ ist (dann ist also $b < c$).

Anmerk. Alle diese Sätze kann man auch geometrisch beweisen, welches der Anfänger zur Uebung versuchen mag.

§. 80. Aufgabe.

Den rechtwinklich sphärischen Triangel aufzulösen.

Auflösung. Daß zwei Stücke — versteht sich mit Ausschluß des rechten Winkels — den rechtwinklichen Triangel bestimmen, und für den Fall, daß eine Kathete und der ihr gegenüberliegende Winkel gegeben sind, noch die Art eines der anderen Stücke gegeben sein muß; wird hier als bekannt vorausgesetzt (§. 71). — Soll also aus zwei Stücken, irgend eines der drei übrigen berechnet werden, so bilde man aus den drei Stücken, d. h. den beiden gegebenen und dem gesuchten Stücke, nach der Neperschen Regel (§. 79, 3) die Gleichung; *) steht das gesuchte Stück auf der einen Seite als Factor, so dividire man durch den anderen Factor beide Seiten, und mache die, etwa noch möglichen Verkürzungen, so hat man den Ausdruck für das gesuchte Stück. Rechnet man mit Logarithmen, so ist die nähere Einrichtung der Formel, aus §. 77 bekannt. — Die dann noch zu berechnenden zwei übrigen Stücke, kann man nunmehr entweder aus den beiden gegebenen Stücken, unmittelbar wiederum nach der Neperschen Regel, oder den Umständen nach, auch nach dem Satze §. 73, Zusatz 2 entwickeln. — Als Ausführung mag hier nur ein Beispiel folgen, wobei der Leser den Triangel entweder willkührlich, nur mit der gemachten Annahme und den stets angenommenen Bezeichnungen, zu wählen hat, oder Δ ABC Fig. 18, also $\angle$ B = R, zu betrachten ist.

Es sei gegeben:

Seite b (= AC) = 104°, $\angle\ \alpha$ (= $\angle$ A) = 76° 6'.

Für die Berechnung der Seite c, hat man bei den drei Stücken b, c und α, $\angle\ \alpha$ als dasjenige Stück, dem die beiden Seiten b und c **anliegen**; daher die Gleichung nach der Neperschen Regel ist:

$$\cos \alpha = \cot b \cot (90° - c);$$ also ist:

$$\cot (90° - c) = \frac{\cos \alpha}{\cot b},$$ oder $\tan c = \cos \alpha \tan b$,

indem man nunmehr wieder die bequemere Form tang c, so wie statt $\frac{1}{\cot b}$, den Werth tang b einführt. — Für die logarithmische Rechnung hat man:

---

*) Nach §. 79, 1, läßt sich diese Gleichung bei jeden drei Stücken bilden.

$$\text{tang } c = \frac{\cos \alpha \text{ tang } b}{\sin t}, \text{ (§. 77) also}$$

$$\log \text{tang } c = \log \cos \alpha + \log \text{tang } b - 10.$$

Ob die Seite c $>$ oder $<$ 90° wird, ergiebt sich durch das negative oder positive Vorzeichen vor tang c, läßt sich aber auch sogleich nach §. 53 beurtheilen. Nemlich: Seite a ist $< 90°$, weil $\angle \alpha < 90°$ gegeben ist (§. 53, 3), und weil die Seiten a und c ungleichartig sind (§. 53, 7 u. 5 indem $b > 90°$ ist) so ist Seite $c > 90°$. Ferner: zur Berechnung der Seite a, hat man bei den drei Stücken b, α und a, a als das Stück, dem die beiden Stücke b und α getrennt liegen; daher nach der Regel die Gleichung:

$$\cos (90° - a) = \sin b \sin \alpha, \text{ hiernach also}$$

$$\sin a = \sin b \sin \alpha, \text{ oder } \sin a = \frac{\sin b \sin \alpha.}{\sin t}$$

Ob Seite a $>$ oder $<$ 90° wird, entscheidet sich nach §. 53, 3 sogleich; denn da $\alpha < 90°$ ist (laut Annahme $\alpha = 76° \, 6'$), so ist auch $a < 90°$.

Endlich wird $\angle \gamma$, durch die beiden Stücke b und α berechnet, indem der b die beiden Stücke α und γ anliegen; man hat daher die Gleichung:

$$\cos b = \cot \alpha \cot \gamma, \text{ folglich ist}$$

$$\cot \gamma = \frac{\cos b}{\cot \alpha} = \cos b \text{ tang } \alpha, \text{ oder } \cot \gamma = \frac{\cos b \text{ tang } \alpha}{\sin t}.$$

Auch hier würde das Zeichen für cot γ (d. h. die positive oder negative Eigenschaft) entscheiden, ob $\gamma >$ oder $<$ 90° ist, wenn nicht nach §. 53, 8, für diesen Fall $\gamma > 90°$ sein müßte. Nunmehr die wirkliche Berechnung.

Für log tang c =				
	log cos α	= log cos 76° 6′ =	9,3806237	addirt
	log tang b *)	= log tang 76° =	10,6032289	addirt
	— log sint	= — 10, bleibt	9,9838526 =	

*) Weil tang 104° negativ (in der Größe aber gleich tang

log tang c, daher Seite c $= 180^\circ - 43^\circ\ 56' = 136^\circ\ 4'$, wenn man sich, wie in der Folge auch mitunter geschehen soll, mit dem nächst kleineren tabellarischen Logarithmus statt des wahren, begnügt, daher die Interpolation der Secunden, alsdann unterbleibt.

Ferner für log sin a =
$$\begin{array}{lll} \log\sin b = \log\sin 76^\circ & = & 9{,}9869041 \\ \log\sin\alpha = \log\sin 76^\circ\ 6' & = & \underline{9{,}9870924} \\ -\log\text{sint} = -10,\ \text{bleibt} & & 9{,}9739965 \end{array}$$
= log sin a, daher Seite a $= 70^\circ\ 22'$.

Und log cot γ =
$$\begin{array}{lll} \log\cos b = \log\cos 76^\circ & = & 9{,}3836752 \\ \log\text{tang}\,\alpha = \log\text{tang}\, 76^\circ\ 6' & = & \underline{10{,}6032289} \\ -\log\text{sint} = -10,\ \text{bleibt} & & 9{,}9869041 \end{array}$$
= log cot γ, daher $\angle\gamma = 180^\circ - 45^\circ\ 52' = 134^\circ\ 8'$.
Nach der Größe folgen also die drei Seiten:
c $= 136^\circ\ 4'$, b $= 104^\circ$ und a $= 70^\circ\ 22'$; nach derselben Ordnung folgen auch die gegenüberliegenden Winkel, nemlich $\angle\gamma = 134^\circ\ 8'$, $\angle\beta = 90^\circ$ und $\angle\alpha = 76^\circ\ 6'$, eine Prüfung die man leicht anstellen kann, zumal sie vielleicht bedeutende Fehler entdecken läßt, wenn nemlich dem §. 52, etwa widersprochen werden sollte. *)

Daß man, nachdem Seite c berechnet war, den $\angle\gamma$, auch durch die Proportion

---

76° ist) die anderen Größen (cos 76° 6' und sint) aber positiv sind; so wird das Resultat (tang c) negativ, d. h. der Werth c gehört zum zweiten Quadranten, wie wir schon vorher aus geometrischer Betrachtung fanden. Wie die Rechnung mit den Logarithmen bei negativen Größen, geführt werden, wird natürlich hier als bekannt vorausgesetzt, ist in der geführten Berechnung aber stets ausgeführt.

*) Dergleichen Prüfungen sind nicht zu verwerfen, so auch die Prüfung nach §. 39 und §. 43; sind sie auch nicht als Proben anzusehen, so können sie doch in erwähnter Art nützen.

$\sin \gamma : \sin t \; (= \sin \beta) = \sin c : \sin b$ (§. 73, Zusatz 2), oder nach, vielleicht zuerst vollendeter Berechnung des Winkels γ, die Seite c durch diese Proportion hätte finden können; ist schon Anfangs erwähnt, und kann solche zweite Berechnung, zur Probe der ersteren dienen.

Durch Induction überzeugt man sich nun leicht, daß es nur sechs verschiedene Fälle giebt, wie zwei Stücke beim rechtwinklichen Triangel gegeben sein können, um die übrigen dann zu berechnen; denn, wenn auch vielleicht zehn Fälle sich als verschieden zeigen könnten, so ist wol deutlich, daß zu einem Fall werden die 2 Fälle: 1) wenn die Hypothenuse und einer der beiden anliegenden Winkel, 2) wenn die Hypothenuse und eine der Katheten, 3) wenn eine der Katheten und der dieser anliegende Winkel, oder 4) wenn eine der Katheten und der ihr gegenüberliegende Winkel gegeben sind. Daß für diesen letzten Fall die Art des zuerst gesuchten Stücks unbestimmt bleibt, ist auch schon erwähnt (beruhend auf §. 56, 2), und zeigen auch die Formeln §. 79 dies dudurch, daß das gesuchte Stück durch den Sinus gefunden wird, wie, wenn z. B. Seite c und $\angle \gamma$ gegeben sind, die Formeln 1, 4 und 9 die Werthe für $\sin c$, $\sin a$ und $\sin \alpha$ geben. Die sämmtlichen, für die sechs nach dem Gesagten bleibenden Fälle, sich ergebenden Formeln, mögen der Uebersicht wegen hier in einer Tafel, §. 82 zusammengestellt sein, weniger um nach ihnen sogleich den Triangel auflösen zu können, als Gelegenheit zur Uebung im Auffinden dieser Formeln, die der Anfänger selbst zu bilden versuche, zu geben. — Da jene Tafel sich mit einer zweiten, in §. 81 zu erklärenden Tafel leicht verbinden läßt, bleibt sie bis dahin ausgesetzt, indem auch ohne sie alles für die, durch gegenwärtigen §. verlangte Auflösung der rechtwinklichen Triangel, gelehrt ist.

Anmerk. Sollte sich der Sinus eines (oder mehrerer) der zu berechnenden Stücke als 1, oder der Logarithmus Sinus als 10, oder der Cosinus als Null, u. dgl. m. ergeben, so ist ein solches Stück 90°; auch kann außer dem rechten Winkel, noch ein anderes Stück als 90° gegeben sein, ohne daß die Anwendung der Formeln §. 79, dadurch beschränkt wird. Nur kann man in solchen Fällen, die übrigen Stücke auch schon nach §. 53, 9, also ohne weitere Rechnung, beurtheilen. Z. B. es sei Seite $c = 70°$ und $\angle \alpha = 90°$ gegeben. Nach Formel 9 §. 79, ist nun $\cos \gamma = 1. \sin (90° - c)$, d. h. $\cos \gamma = \cos c$, also $\gamma = c$ (wie §. 53, 9, b gelehrt ist), so wie nach Formel 2 daselbst $\sin c = \cot \alpha \tan a$, d. h. $\tan a = \frac{\sin c}{\cot \alpha} = \frac{\sin 70°}{\text{Null}}$ = Unendlich groß, also Seite $a = 90°$ wird. U. dgl. m.

Anmerk. 2. Will man aus den beiden gegebenen Stücken, zuerst dasjenige suchen, für welches keine weitere Umwandlung der, nach der Neperschen Regel gebildeten Gleichung nöthig ist; so findet man solches Stück einfach dadurch: sind die beiden gegebenen Stücke anliegende Stücke, so wird das gesuchte Stück das, ihnen beiden getrennt liegende; sind jene beiden Stücke getrenntliegend, so ist das ihnen beiden anliegende Stück, das zuerst gesuchte Stück. Liegen von den, alsdann bekannten drei Stücken, zwei Stücke einander gegenüber, so kann §. 73 Zusatz 2 angewendet werden, wo nicht, so muß nach der oft genannten Regel, noch einmal verfahren werden.

Anmerk. 3. Die Sätze §. 53, lassen sich auch nach den entwickelten Formeln §. 79 beweisen, wofür die Andeutungen kurz diese sind. Nach Formel 4 ist: $\sin a = \cot \gamma \tan c$, oder $r \sin a = \cot \gamma \tan c$. Da nun r und $\sin a$ stets positiv sind (a ist < 2 R, §. 36, 4), so ist die erste Seite der Gleichung positiv; diese Eigenschaft muß also auch die 2te Seite der Gleichung haben, was nur möglich ist, wenn $\cot \gamma$ und $\tan c$ beide positiv oder beide negativ, d. h. γ und c beide kleiner oder beide größer 90° sind (§. 53, 3). Ferner: nach Formel 5. ist $\cos b = \cos c \cos a$; sind nun c und a gleichartig, so mögen beide $<$ oder $> 90°$ sein, das Product $\cos c \cos a$, ist in beiden Fällen positiv (wenn auch im 2ten Falle beide Factoren negativ sein sollten), daher $\cos b$ positiv, d. h. $b < 90°$ (§. 53, 4); bei ungleichartigen Werthen für c und a, ist der Cosinus der Kathete welche $> 90°$ ist, negativ, daher das Product $\cos c \cos a$ negativ, mithin $\cos b$ negativ, also $b > 90°$ (§. 53, 5). Eben so lassen sich die andern Sätze leicht erweisen.

§. 81. Aufgabe.

Den Quadrantentriangel aufzulösen.

Auflösung. Da der Polartriangel des rechtwinklichen Triangels, ein Quadrantentriangel ist (§. 41 Zusatz 2); so können die Relationen zwischen den Stücken dieses letzteren Triangels, leicht aus denen, für den rechtwinklichen Triangel bereits gefundenen Formeln, entwickelt werden. Da nun der Quadrant die, dem rechten Winkel gegenüberliegende Seite des Polartriangels ist, so nenne man den Quadranten b, die andern ihm anliegenden Seiten a und c, die Winkel entsprechend β, α und γ; so sind diese Stücke die Supplemente der, vorher beim rechtwinklichen Triangel bezeichneten Stücke. Die Formeln §. 79 lassen sich also sogleich für den Quadrantentriangel umformen, wenn man nur die Vorzeichen der einzelnen Linien gehörig berücksichtiget, welche sich, wenn statt eines Stücks, sein Supplement eingeführt wird, beim Cosinus, der Tangente und der Cotangente umkehren, beim Sinus aber unverändert bleiben. Stellt man sich jene Formeln so vor, daß statt der Linien der Complemente, die Linien der Stücke des Polartriangels selbst erscheinen, so würde solche Unformung z. B. für die 2te Gleichung sein:

Die Gleichung heißt dort: $\sin c = \cot \alpha \tan a$, daher die umgeformte Gleichung $\sin \gamma = -\cot a \cdot -\tan \alpha$

oder $\sin \gamma = \cot a \tan \alpha$ wird.

Es hindert aber nichts, die Stücke des Quadrantentriangels auch so zu bezeichnen, daß der Quadrant β, die anderen Seiten α und γ, die Winkel aber entsprechend b, a und c heißen (Fig. 18); dann gelten alle Formale §. 79, unmittelbar für den Quadrantentriangel in dieser neuen Bedeutung; denn die so eben für den Quadrantentriagel gefundene Formel heißt dann;

$$\sin c = \cot \alpha \text{ tang a, oder}$$

$$\cos (90^\circ - c) = \cot \alpha \cot (90^\circ - a),$$

d. h. sie ist genau die 2te Formel §. 79, wieder geworden, wie dies auch mit allen andern Formeln, in ganz gleicher Art, geschehen würde. — Daß jene zehn Formeln, auch für den Quadrantentriangel auf nur sechs wesendlich verschiedene Formeln zurückkommen, ist wie im vorigen §. deutlich. — Die Sätze §. 54, dienen zur Bestimmung der Art des gesuchten Stücks, über welche Art auch das Verzeichen des, nach den Formeln berechneten Stücks, wenn dasselbe nicht nothwendig unbestimmt bleibt, entscheidet. — Wie die Nepersche Regel sich für den Quadrantentriangel modificirt, ist nun deutlich; sie würde nemlich heißen:

Beim Quadrantentriangel, ist, mit Uebergehung des Quadranten, der Cosinus eines Stücks, gleich dem Product aus den Cotangenten der anliegenden, oder dem Producte aus den Sinussen der getrennt liegenden Stücke, sobald man dabei, statt der, dem Quadranten anliegenden Winkel, deren Complemente setzt.

Um ein Beispiel durchzuführen und einige Bemerkungen anzuknüpfen, sei gegeben: Seite $\alpha = 116^\circ 26'$, $\angle a = 100^\circ$. Da durch diese beide Stücke der Triangel noch unbestimmt bleibt, (§. 56, 1) sei verlangt: $\angle$ b soll $> 90^\circ$ sein. — Die, zufolge §. 54 sich darbietenden Betrachtungen, lassen sich sogleich anstellen, sie können aber in besonderer Anführung vorher übergangen werden, da sie, sofern sie hier wichtig sind, sich in Verfolg der Auflösung des Triangels, auch ergeben.

Man suche zuerst $\angle$ c. Nach der genannten Regel hat man die Gleichung:

$$\cos (90^{\circ} - c) = \cot \alpha\ (90^{\circ} - a),$$ also

$$\sin c = \frac{\cot \alpha \ \text{tang a}}{\text{sint}}$$ *) (§. 77). Die Rechnung giebt:

$\log \cot \alpha = \log \cot 116^{\circ}\ 26' = 9{,}6964697$
$(= \log \cot 63^{\circ}\ 34'),$
$\log \text{tang}\,\bar{a} = \log \text{tang}\ 100^{\circ} \quad = \underline{10{,}7536812}$ } addirt.
$(= \log \text{tang}\ 80^{\circ})$
$\log \text{sint} \quad = 10$ abgezogen, bleibt $10{,}4501509$
$= \log \sin c.$

Da der $\log \sin c > \log$ sint wird, so zeigt sich der Triangel bei den gegebenen Stücken, als unmöglich. Wollte man den Grund dieser Unmöglichkeit in den gegebenen Stücken entdecken, so widersprechen sie, nebst der Bestimmung: daß $\angle b > 90^{\circ}$ sein soll, keiner der Bedingungen des §. 54, wie eine Prüfung leicht zeigt. Aber die Ansicht der Formel $r \sin c = \cot \alpha$ tang a, läßt leicht auf die Weise wie es für den rechtwinklichen Triangel in §. 79 Zusatz geschah, den Satz bilden:

> Sind beim Quadrantentriangel, zwei der gegenüberliegenden Stücke $> 90^{\circ}$, so muß von ihnen die Seite kleiner als der Winkel sein, sind beide $< 90^{\circ}$, so muß der Winkel kleiner als die Seite sein;

durch die gegebenen Stücke, welche beide $> 90^{\circ}$ hier gegeben sind, wird der ersten dieser Bedingungen wider=

*) Beide Factoren des Zählers sind bei den gewählten Werthen, für sich negativ, welches die Logarithmen=Rechnung, nach bekannten Regeln, nicht hindert.

dersprechen, denn die Seite ist größer als der Winkel gegeben. — Man könnte für den Quadrantentriangel, analoge Sätze mit den beiden in §. 79 Zusatz noch für den rechtwinklichen Triangel genannten Sätzen, bilden, wenn die Häufung solcher und vieler ähnlicher Sätze nicht überflüssig wird, durch die, wenn ihnen widersprochen wird, sich in den Resultaten der Rechnung zeigende Ungereimtheit, wie vorher, wo log sin c > 10 ward. — Nun sei von Neuem gegeben:
Seite $\alpha = 116^\circ\ 26'$, $\angle\, a = 144^\circ\ 20'$ und $\angle\, b > 90^\circ$.

Die Gleichung ist wie vorher:

$$\sin c = \frac{\cot \alpha \ \text{tang a}}{\text{sint}};$$ also

$\log \text{tang } 144^\circ\ 20' = 9{,}8559376$ ($= \log \text{tang } 35^\circ\ 40'$)
$\log \cot\ 116^\circ\ 26' = 9{,}6964697$ ($= \log \text{tang } 26^\circ\ 26'$)
davon 10 weg, bleibt $9{,}5524073 = \log \sin c$.

Zu diesem log sin gehören zwei Winkel; da aber laut Bestimmung, $\angle\, b > 90^\circ$ sein soll, so ist nach §, 54, 4, $\angle\, c$ mit $\angle\, a$ gleichartig, also auch stumpf, folglich $\angle\, c = 180^\circ$ weniger dem tabellarischen Werth für log sin c, und da dieser Werth $20^\circ\ 54'$ ist, so ist $\angle\, c = 180^\circ - 20^\circ\ 54' = 159^\circ\ 6'$. Nun berechne man Seite γ, so ist auch diese $> 90^\circ$ (§. 54, 1 oder 4). Die Gleichung ist:

$\cos \alpha = \sin \gamma \sin (90^\circ - a)$, folglich

$$\sin \gamma = \frac{r \cos \alpha}{\cos a} = \frac{r \cos 116^\circ\ 26'}{\cos 144^\circ\ 20'}.$$ Die Rechnung ist:

$10 + \log \cos 116^\circ 26' = 19{,}6485124$ ($= 10 + \log \cos 63^\circ 34'$)
$\log \cos 144^\circ 20' = 9{,}9097821$ ($= \log \cos 35^\circ 40'$)
$9{,}7387303 = \log \sin \gamma$;

also $\gamma = 180^\circ - 33^\circ\ 13' = 146^\circ\ 47'$.

Endlich ist b zu finden durch:

$\cos (90^\circ - a) = \sin b \sin \alpha$, also $\sin b = \dfrac{r \sin a}{\sin \alpha}$;

$$10 + \log\sin 144^\circ 20' = 19{,}7657197 \; (= 10 + \log\sin 35^\circ 40')$$
$$\log\sin 116^\circ 26' = \underline{9{,}9520428} \; (\log\sin 63^\circ 34')$$
$$9{,}8136769 \quad = \log\sin b;$$

da nun $b > 90^\circ$ sein soll, so ist $b = 180^\circ - 40^\circ 37' = 139^\circ 23'$. — Die Vergleichung der gefundenen Stücke und der bekannten, giebt also zusammengestellt: Seite $\alpha = 116^\circ 26'$, Seite $\beta = 90^\circ$, Seite $\gamma = 146^\circ 47'$ Winkel $a = 144^\circ 20'$, Winkel $b = 139^\circ 23'$, Wink. $c = 159^\circ 6'$. Die Tafel des folgenden Paragraphs, giebt nun die Werthe für die, wesendlich verschiedenen Zusammenstellung der, bei einem Quadrantentriangel zu gebenden und daraus entwickelten Werthe.

§. 82. (Fig. 18).

Tafel für die wesendlich verschiedenen Zusammenstellungen der, bei einem rechtwinklichen sphärischen Triangel ABC und bei einem Quadrantentriangel DEF zu gebenden Stücke, nebst den daraus berechneten Werthen der unbekannten Stücke.

Gegeben: Figur 18. $\angle B = 90°$, Seite $\beta = 90°$.	Zu finden.	Nach der Neperschen Regel, für beide Triangel gebildete Gleichung.	Nach der vorigen Gleichung gefundener Werth für das gesuchte Stück.	Das gesuchte Stück ist im rechtwinkl. Triangel größer 90° wenn	Das gesuchte Stück ist im rechtwinkl. Triangel kleiner 90° wenn	Das gesuchte Stück ist im Quadrantentriangel kleiner 90° wenn	Das gesuchte Stück ist im Quadrantentriangel größer 90° wenn
α und γ	b	1) $\cos b = \cot\alpha \cot\gamma$	$\cos b = \cot\alpha \cot\gamma$	α glatg.*) γ	α ungla. γ	α ungla. γ	α glatg. γ
	a	2) $\cos\alpha = \sin\gamma \sin(90° - a)$	$\cos a = \cos\alpha : \sin\gamma$	$\alpha < 90°$	$\alpha > 90°$	$\alpha < 90°$	$\alpha > 90°$
	c	3) $\cos\gamma = \sin\alpha \sin(90° - c)$	$\cos c = \cos\gamma : \sin\alpha$	$\gamma < 90°$	$\gamma > 90°$	$\gamma < 90°$	$\gamma > 90°$
c und α	b	4) $\cos\alpha = \cot b \cot(90° - c)$	$\cot b = \cos\alpha \cot\gamma$	α glatg. c	α ungla. c	α ungla. c	α glatg. c
	a	5) $\cos(90° - c) = \cot\alpha \cot(90° - a)$	$\tan a = \sin c \tan\alpha$	$\alpha < 90°$	$\alpha > 90°$	$\alpha < 90°$	$\alpha > 90°$
	γ	6) $\cos\gamma = \sin\alpha \sin(90° - c)$	$\cos\gamma = \sin\alpha \cos c$	$c < 90°$	$c > 90°$	$c < 90°$	$c > 90°$
a und c	b	7) $\cos b = \sin(90° - a) \sin(90° - c)$	$\cos b = \cos a \cos c$	a glatg. c	a ungla. c	a ungla. c	a glatg. c
	α	8) $\cos(90° - c) = \cot\alpha \cot(90° - a)$	$\cot\alpha = \sin c \cot a$	$a < 90°$	$a > 90°$	$a < 90°$	$a > 90°$
	γ	9) $\cos(90° - a) = \cot\gamma \cot(90° - c)$	$\cot\gamma = \sin a \cot c$	$c < 90°$	$c > 90°$	$c < 90°$	$c > 90°$
b und c	a	10) $\cos b = \sin(90° - a) \sin(90° - c)$	$\cos a = \cos b : \cos c$	b glatg. c	b ungla. c	b ungla. c	b glatg. c
	α	11) $\cos\alpha = \cot b \cot(90° - c)$	$\cos\alpha = \cot b \tan c$	b glatg. c	b ungla. c	b ungla. c	b glatg. c
	γ	12) $\cos(90° - c) = \sin b \sin\gamma$	$\sin\gamma = \sin c : \sin b$	$c < 90°$	$c > 90°$	$c < 90°$	$c > 90°$
b und α	a	13) $\cos(90° - a) = \sin b \sin\alpha$	$\sin a = \sin b \sin\alpha$	$\alpha < 90°$	$\alpha > 90°$	$\alpha < 90°$	$\alpha > 90°$
	c	14) $\cos\alpha = \cot b \cot(90° - c)$	$\tan c = \cos\alpha \tan b$	b glatg. α	b ungla. α	b ungla. α	b glatg. α
	γ	15) $\cos b = \cot\alpha \cot\gamma$	$\cot\gamma = \cos b \tan\alpha$	b glatg. α	b ungla α	b ungla. α	b glatg. α
c und γ	b	16) $\cos(90° - c) = \sin b \sin\gamma$	$\sin b = \sin c : \sin\gamma$	Die Art des gesuchten Stücks bleibt unbestimmt; ist aber eines der drei Stücke gefunden, so folgt die Art jedes der anderen, wie bei den früheren Fällen nach §. 53. und §. 54.			
	a	17) $\cos(90° - a) = \cot\gamma \cot(90° - c)$	$\sin a = \cot\gamma \tan c$				
	α	18) $\cos\gamma = \sin\alpha \sin(90° - c)$	$\sin\alpha = \cos\gamma : \cos c$				

*) glatg. heißt gleichartig, ungla. bedeutet ungleichartig.

Anmerk. 1. Für die Logarithmische Rechnung, ist der Factor r nach §. 77 leicht zu setzen.

Anmerk. 2. Wenn man die verschiedenen Fälle aufsucht, nach welchen zwischen drei Stücken (nach der Neperschen Regel) die Gleichung gebildet wird; so ergeben sich für den rechtwinklichen Triangel (und analog für den Quadrantentriangel), wiederum sechs Fälle; diese sind:

1) Die Hypothenuse und beide Hypothenusenwinkel; dies findet sich bei den Formeln Nr. 1 und 15 der Tafel.

2) Eine Kathete und die beiden Hypothenusenwinkel; wie in den Formeln Nr. 2, 3, 6 und 18.

3) Die Hypothenuse, eine Kathete und der eingeschlossene Hypothenusenwinkel; Formeln Nr. 4, 11 und 14.

4) Beide Katheten und ein Hypothenusenwinkel; Formeln 5, 8, 9 und 17.

5) Die drei Seiten; Formeln Nr. 7 und 10.

6) Die Hypothenuse, eine Kathete und der dieser Kathete gegenüberliegende Hypothenusenwinkel; Formeln 12, 13 und 16.

B. Auflösung der schiefwinklich sphärischen Triangel. *)

§. 83. Aufgabe.

Aus den drei Seiten eines sphärischen Triangels, die Winkel zu berechnen.

Auflösung. Die zweite Klasse von Gleichungen §. 73, Zusatz 1, welche die Relationen zwischen den drei Seiten und einen Winkel enthalten, geben, wenn man z. B. die 1ste Gleichung nimmt:

$$\cos b = \cos c \cos a + \sin c \sin a \cos \beta,$$

woraus folgt

$$\cos \beta = \frac{\cos b - \cos c \cos a}{\sin c \sin a}.$$

Um diese Formel für die logarithmische Rechnung bequemer einzurichten, nehme man folgende Umwand-

*) Man erinnere sich an §. 76, 3.

lungen, die theils nach leicht zu erkennenden Regeln, theils durch Hülfe der bekannten trigonometrischen Formeln, welche im Anhange entwickelt sind (Siehe §. 72, 3), vorgenommen werden.

Zuerst ist $1 + \cos\beta = 1 + \frac{\cos b - \cos c \cos a}{\sin c \sin a}$;

die Ausführung der Rechnung auf der rechten Seite giebt $1 + \cos\beta = \frac{\cos b + \sin c \sin a - \cos c \cos a}{\sin c \sin a}$

(und nach Anhang Formel 2)

$$= \frac{\cos b - \cos(a + c)}{\sin c \sin a}.$$

Eben so findet man

$$1 - \cos\beta = 1 - \frac{\cos b - \cos c \cos a}{\sin c \sin a}$$

$$= \frac{\sin c \sin a + \cos c \cos a - \cos b}{\sin c \sin a}$$

(und nach Anhang Formel 4) $= \frac{\cos(a - c) - \cos b}{\sin c \sin a}$.

Dividirt man beide Ausdrücke durch einander, so erhält man, da nach Formel 39 (stets die Formeln des Anhangs gemeint) $\tang \frac{1}{2}\beta^2 = \frac{1 - \cos\beta}{1 + \cos\beta}$ ist,

$$\tang \tfrac{1}{2}\beta = \sqrt{\left(\frac{1 - \cos\beta}{1 + \cos\beta}\right)} = \sqrt{\left(\frac{\cos(a - c) - \cos b}{\cos b - \cos(a + c)}\right)}.$$

Nach Formel 22, den Zähler und Nenner umgewandelt, wird $\tang \frac{1}{2}\beta = \sqrt{\left(\frac{\sin\frac{1}{2}(b - a + c)\sin\frac{1}{2}(b + a - c)}{\sin\frac{1}{2}(b + a + c)\sin\frac{1}{2}(a + c - b)}\right)}$,

indem man die Factoren 2 im Zähler und Nenner, gegenseitig hebt. Für die logarithmische Rechnung wird die Formel nach den Umwandlungen §. 77:

$$\tang \tfrac{1}{2}\beta = \sqrt{\left(\frac{r^2 \sin\frac{1}{2}(b - a + c)\sin\frac{1}{2}(b + a - c)}{\sin\frac{1}{2}(b + a + c)\sin\frac{1}{2}(a + c - b)}\right)}.$$

Wie man für $\tang \frac{1}{2}\alpha$ und $\tang \frac{1}{2}\gamma$ die analogen Formeln bildet, ist bei einiger Berücksichtigung dessen, was §. 73 Zusatz 1 allgemein darüber gesagt ist, sogleich zu finden. (Im Zusatz 1 zu gegenwärtigem §, findet man diese Formeln angegeben).

Außer der eben entwickelten Formel, erhält man auch folgende, nach den Umständen zur Berechnung zu wählende Formeln. Da nach Formel 9, $\sin \frac{1}{2}\beta^2 = \frac{1}{2}(1 - \cos\beta)$, also $\sin \frac{1}{2}\beta = \sqrt{(\frac{1}{2}(1 - \cos\beta))}$ ist, so setze man für $1 - \cos\beta$ den vorher gefundenen Werth; dann ist $\sin \frac{1}{2}\beta = \sqrt{\left(\frac{\cos(a - c) - \cos b}{2 \sin c \sin a}\right)}$. Den Zähler wie vorher nach Formel 22 aufgelöset, und die 2 gehoben, erhält man:

$$\sin \tfrac{1}{2}\beta = \sqrt{\left(\frac{\sin \frac{1}{2}(a + b - c) \sin \frac{1}{2}(b + c - a)}{\sin c \sin a}\right)}.$$

Durch ähnliches Verfahren wird, da nach Formel 10 $\cos \frac{1}{2}\beta = \sqrt{(\frac{1}{2}(1 + \cos\beta))}$ ist, wenn für $1 + \cos\beta$ der Anfangs gefundene Werth gesetzt wird,

$$\cos \tfrac{1}{2}\beta = \sqrt{\left(\frac{\cos b - \cos(a + c)}{2 \sin c \sin a}\right)}$$

$$= \sqrt{\left(\frac{\sin \frac{1}{2}(a + b + c) \sin \frac{1}{2} a + c - b)}{\sin c \sin a}\right)}.$$

Die Werthe für die anderen Winkel, sind nunmehr einfach zu finden, so wie die Setzung des Factors r, nach §. 77 bekannt ist. — Diese drei Formeln, für die Tangente, den Sinus und den Cosinus des halben gesuchten Winkels, sind nun leicht logarithmisch zu behandeln, wie ein Beispiel im Zusatz 3 zeigen wird, wenn vorher im 2ten Zusatz noch einige Bemerkungen gemacht sind.

Zusatz 1. Man erhält nach der vorigen Auflösung 9 Formeln, welche hier, sogleich für die logarithmische Rechnung eingerichtet, zusammengestellt werden mögen.

$$1)\ \tang \tfrac{1}{2}\alpha = \sqrt{\left(\frac{r^2 \sin \frac{1}{2}(a + b - c) \sin \frac{1}{2}(a + c - b)}{\sin \frac{1}{2}(a + b + c) \sin \frac{1}{2}(b + c - a)}\right)}$$

$$2)\ \tang\tfrac{1}{2}\beta=\sqrt{\left(\frac{r^2 \sin\frac{1}{2}(b+a-c)\sin\frac{1}{2}(b+c-a)}{\sin\frac{1}{2}(a+b+c)\sin\frac{1}{2}(a+c-b)}\right)}$$

$$3)\ \tang\tfrac{1}{2}\gamma=\sqrt{\left(\frac{r^2 \sin\frac{1}{2}(c+a-b)\sin\frac{1}{2}(c+b-a)}{\sin\frac{1}{2}(a+b+c)\sin\frac{1}{2}(a+b-c)}\right)}$$

$$4)\ \sin\tfrac{1}{2}\alpha=\sqrt{\left(\frac{r^2 \sin\frac{1}{2}(a+b-c)\sin\frac{1}{2}(a+c-b)}{\sin b\ \sin c}\right)}$$

$$5)\ \sin\tfrac{1}{2}\beta=\sqrt{\left(\frac{r^2 \sin\frac{1}{2}(b+a-c)\sin\frac{1}{2}(b+c-a)}{\sin a\ \sin c}\right)}$$

$$6)\ \sin\tfrac{1}{2}\gamma=\sqrt{\left(\frac{r^2 \sin\frac{1}{2}(c+a-b)\sin\frac{1}{2}(c+b-a)}{\sin a\ \sin b}\right)}$$

$$7)\ \cos\tfrac{1}{2}\alpha=\sqrt{\left(\frac{r^2 \sin\frac{1}{2}(a+b+c)\sin\frac{1}{2}(b+c-a)}{\sin b\ \sin c}\right)}$$

$$8)\ \cos\tfrac{1}{2}\beta=\sqrt{\left(\frac{r^2 \sin\frac{1}{2}(a+b+c)\sin\frac{1}{2}(a+c-b)}{\sin a\ \sin c}\right)}$$

$$9)\ \cos\tfrac{1}{2}\gamma=\sqrt{\left(\frac{r^2 \sin\frac{1}{2}(a+b+c)\sin\frac{1}{2}(a+b-c)}{\sin a\ \sin b}\right)}$$

Anmerk. Setzt man die Summe der Seiten blos s, so ist $a+b-c = a+b+c-c-c = s-2c$; eben so $a+c-b = s-2b$ u. s. w.; wodurch man die Formeln alle noch abändern könnte.

Zusatz. 2. Bei Betrachtung der obigen Formeln, könnte die Frage entstehen: ob auch wohl einer oder mehrere der, unter dem Wurzelzeichen stehenden Factoren, *negativ* werden könnten, was, wenn die Hälfte der in der Paranthese stehenden Größe, einen Bogen *über* 180° *und unter* 360° giebt, erfolgen würde, oder auch dann statt fände, wenn jene Größe selbst *negativ* würde, wodurch dann die berechneten Werthe, leicht *imaginär* werden könnten. — Aber, da die Summe der Seiten eines Triangels stets < 360° ist (§. 39), so ist auch die *halbe* Summe < 180°, daher der Sinus derselben *positiv*; uud da die Summe zweier Seiten immer größer als die dritte Seite ist (§. 37), so giebt auch die Vereinigung der drei Seiten, wo die eine negativ erscheint (oder von der Summe der beiden anderen subtrahirt werden soll), stets eine positive Größe, natürlich immer, wenn sie zur Hälfte genommen wird, auch $< 180°$. — Es sind also alle Factoren unter dem Wurzelzeichen positiv, was daher auch vom ganzen Bruche gilt. — Da ferner jeder Winkel $< 180°$ ist (§. 36, 6), so ist der halbe Winkel $< 90°$; man hat daher nicht erst zu untersuchen: welchen tabellarischen Winkel man zu nehmen hat, wenn man den Sinus des halben Winkels berechnet. Eben so wenig kann man den negativen Werth der Wurzel brauchen (der daher auch in den Formeln gar nicht weiter angegeben ist), denn der negative Cosinus oder die negative Tangente, würden schon für halbe Winkel, Winkel die $> 90°$ sind, bedingen; den Sinus negativ zu nehmen aber, Werthe $> 180°$ voraussetzen.

Zusatz 3. Es mag ein Beispiel in Zahlen folgen, in welchem jeder der drei Winkel, nach einer der drei Formeln für tang, sin oder cos berechnet werden soll. Man nehme $a = 46° 20'$, $b = 100° 24'$ und $c = 74° 16'$. Macht man die verschiedenen Zusammenstellungen aus allen drei, so wie aus je zweien weniger der dritten Seite, so ist:

	46° 20′	46° 20′	100° 24′
46° 20′	100° 24′	74° 16′	74° 16′
100° 24′	146° 44′	120° 36′	174° 40′
74° 16′	74° 16′	100° 24′	46° 20′
221° 0′	72° 28′	20° 22′	128° 20′
110° 30′ =	36° 14′ =	10° 6′ =	64° 10′ =
$\frac{1}{2}(a+b+c)$.	$\frac{1}{2}(a+b-c)$.	$\frac{1}{2}(a+c-b)$.	$\frac{1}{2}(b+c-a)$.
log sin	log sin	log sin	log sin
$\frac{1}{2}(a+b+c)=$	$\frac{1}{2}(a+b-c)=$	$\frac{1}{2}(a+c-b)=$	$\frac{1}{2}(b+c-a)=$
9,9715876	9,7716426	9,2439472	9,9542741
(= log sin 69° 30′).			

Nunmehr ist log tang $\frac{1}{2}\alpha =$

$$\frac{20 + \log\sin 36^\circ\, 14' + \log\sin 10^\circ\, 6' - \log\sin 110^\circ\, 30' - \log\sin 64^\circ\, 10'}{2}$$

Die Rechnung giebt:

	20,		
log sin 36° 14′ =	9,7716426	log sin 110° 30′ =	9,9715876
log sin 10° 6′ =	9,2439472	log sin 64° 10′ =	9,9542741
	39,0155898		19,9258617
	19,9258617		
	19,0897281 (: 2		

9,5448640 = log tang $\frac{1}{2}\alpha$, daher

$\frac{1}{2}\alpha = 19^\circ\ 19'\ 22''$, also $\angle\,\alpha = 38^\circ\ 38'\ 44''$.

Um $\angle\,\beta$ zu berechnen, wählen wir (der Abwechslung wegen) die Formel welche sin $\frac{1}{2}\beta$ giebt. Man erhält nach ihr log sin $\frac{1}{2}\beta =$

(20 + log sin 36° 14′ + log sin 64° 10′ — log sin 46° 20′ — log sin 74° 16) : 2

Nun ist

	20,		
log sin 36° 14′ =	9,7416426	log sin 46° 20′ =	9,8593599
log sin 64° 10′ =	4,9542741	log sin 74° 16′ =	9,9834161
	39,7259167		19,8427760
	19,8427760		
	19,8831407 (: 2		

9,9415703 = log sin $\frac{1}{2}\beta$, daher

$\frac{1}{2}\beta = 60^\circ\ 56'\ 27''$, also $\angle\,\beta = 121^\circ\ 52'\ 54''$.

Endlich werde $\angle\,\gamma$ nach der Formel für cos $\frac{1}{2}\gamma$ berechnet; so ist log cos $\frac{1}{2}\gamma =$

(20 + log sin 110° 30′ + log sin 36° 14′ — log sin 46° 20′ — log sin 100° 24′) : 2

Die Rechnung selbst:

	20,		
log sin 110° 30′ =	9,9715876	log sin 46° 20′ =	9,8593599
log sin 36° 14′ =	9,7716426	log sin 100° 24′ =	9,9928059
	39,7432302		19,8521658
	19,8521658		
	19,8910644 (: 2		

9,9455322 $= \log \cos \frac{1}{2}\gamma$, wonach
$\frac{1}{2}\gamma = 28^\circ\ 5'\ 59''$, daher $\gamma = 56^\circ\ 11'\ 58''$ ist.

Die, schon §. 80. empfohlene Prüfung der Winkelvergleichung mit den Seiten, genügt auch bei den hier berechneten Werthen genau der Bedingung (§. 52), so wie jede andere Prüfung stimmt.

Zusatz 4. Hat man einen der drei Winkel gefunden, so kann man jeden der beiden übrigen nach dem Satze (§. 73, Zusatz 2): daß die Sinus der Winkel wie die Sinus der gegenüber liegenden Seiten sich verhalten, berechnen, wo es dann nur darauf ankömmt, gehörig zu beurtheilen: ob der zu diesem berechneten Sinus gehörende Winkel, $<$ oder $>$ 90° ist, welche Beurtheilung nach den Sätzen der sphärischen Geometrie, auf mancherlei Weise geschehen kann. Natürlich könnte man sich auch, nachdem ein Winkel gefunden ist, von den folgenden Aufgaben derjenigen bedienen, bei welcher aus zwei Seiten und dem eingeschlossenen Winkel, die anderen Winkel gesucht werden, so wie dergleichen andere Wege nach der Berechnung eines Stücks, für die Berechnung der zwei übrigen Stücke (oder des einen noch fehlenden Stücks, wenn schon zwei berechnet sind), durch die übrigen Sätze, auch bei den folgenden Aufgaben einzuschlagen sind, ohne daß daselbst diese Bemerkung wiederholt anzuführen, nöthig wäre.

§. 84. Aufgabe.

Aus den drei Winkeln eines sphärischen Triangels, die drei Seiten zu berechnen.

Auflösung. Auf eine ganz analoge Weise, wie im vorigen §, wird auch hier verfahren. Die Formeln der 3ten Klasse §. 74, haben die Relationen zwischen den drei Winkeln und einer der Seiten. Man nehme die Gleichung 1. daselbst, so folgt aus:

$\cos\alpha = \sin\gamma \sin\beta \cos a - \cos\gamma \cos\beta$, der Werth

$\cos a = \dfrac{\cos\alpha + \cos\gamma \cos\beta}{\sin\gamma \sin\beta}$. Man findet ferner:

$$1 + \cos a =$$
$$\frac{\sin\gamma \sin\beta + \cos\gamma \cos\beta + \cos\alpha}{\sin\gamma \sin\beta} = \frac{\cos\alpha + \cos(\beta - \gamma)^{*)}}{\sin\gamma \sin\beta}$$
$$1 - \cos a =$$
$$\frac{\sin\gamma \sin\beta - \cos\gamma \cos\beta - \cos\alpha}{\sin\gamma \sin\beta} = \frac{-(\cos\alpha + \cos(\beta + \gamma))}{\sin\gamma \sin\beta};$$

hieraus wird nach Formel 39 und 21, so wie nach der Hebung der Factoren 2 im Zähler und Nenner:

$$\tang \tfrac{1}{2} a = \sqrt{\frac{1 - \cos a}{1 + \cos a}} =$$
$$\sqrt{\left(\frac{-(\cos\alpha + \cos(\beta + \gamma))}{\cos\alpha + \cos(\beta - \gamma)}\right)^{**)}} =$$
$$\sqrt{\left(\frac{-\cos\tfrac{1}{2}(\alpha + \beta + \gamma) \cos\tfrac{1}{2}(\beta + \gamma - \alpha)}{\cos\tfrac{1}{2}(\alpha + \beta - \gamma) \cos\tfrac{1}{2}(\alpha + \gamma - \beta)}\right)}.$$

---

*) Es ist hier wol zu merken, daß nach der Formel 4 (des Anhangs) verfahren ist, wo das Resultat $\cos(\beta - \gamma)$, auch $\cos(\gamma - \beta)$ zu setzen ist, denn: ist $\beta > \gamma$, so wird $\gamma - \beta$ derselbe Winkel welcher $\beta - \gamma$ ist, nur negativ, was auf den Cosinus keinen Einfluß hat (§. 72, 6).

**) Indem die folgende Umwandlung nach Formel 21 geschieht, ist es einerlei, ob das dortige α hier mit α, und das dortige β hier mit $(\beta + \gamma)$ verglichen wird, oder diese Vergleichung umgekehrt geschieht.

Eben so erhält man wie im vorigen §, die Formeln für $\sin \frac{1}{2} a$ und $\cos \frac{1}{2} a$, indem (nach Formel 9 u. 10)

$$\sin \tfrac{1}{2} a = \sqrt{\frac{1 - \cos a}{2}} =$$

$$\sqrt{\left(\frac{-(\cos \alpha + \cos(\beta + \gamma))}{2 \sin \gamma \sin \beta}\right)} =$$

$$\sqrt{\left(\frac{-\cos \frac{1}{2}(\alpha + \beta + \gamma) \cos \frac{1}{2}(\beta + \gamma - \alpha)}{\sin \gamma \sin \beta}\right)},$$ und dann

$$\cos \tfrac{1}{2} a = \sqrt{\frac{1 + \cos a}{2}} = \sqrt{\left(\frac{\cos \alpha + \cos(\beta - \gamma)}{2 \sin \gamma \sin \beta}\right)} =$$

$$\sqrt{\left(\frac{\cos \frac{1}{2}(\alpha + \beta - \gamma) \cos \frac{1}{2}(\alpha + \gamma - \beta)}{\sin \gamma \sin \beta}\right)}$$ wird.

Zusatz 1. Eine Zusammenstellung der sämmtlichen, durch vorstehende Auflösung gefundenen Formeln, giebt wiederum neun, für die logarithmische Rechnung eingerichtete Formeln; nemlich:

$$1)\ \operatorname{tang} \tfrac{1}{2} a = \sqrt{\left(\frac{r^2 \cdot - \cos \frac{1}{2}(\alpha + \beta + \gamma) \cos \frac{1}{2}(\beta + \gamma - \alpha)}{\cos \frac{1}{2}(\alpha + \beta - \gamma) \cos \frac{1}{2}(\alpha + \gamma - \beta)}\right)}$$

$$2)\ \operatorname{tang} \tfrac{1}{2} b = \sqrt{\left(\frac{r^2 \cdot - \cos \frac{1}{2}(\alpha + \beta + \gamma) \cos \frac{1}{2}(\alpha + \gamma + \beta)}{\cos \frac{1}{2}(\beta + \gamma - \alpha) \cos \frac{1}{2}(\beta + \alpha - \gamma)}\right)}$$

$$3)\ \operatorname{tang} \tfrac{1}{2} c = \sqrt{\left(\frac{r^2 \cdot - \cos \frac{1}{2}(\alpha + \beta + \gamma) \cos \frac{1}{2}(\alpha + \beta - \gamma)}{\cos \frac{1}{2}(\gamma + \beta - \alpha) \cos \frac{1}{2}(\gamma + \alpha - \beta)}\right)}$$

$$4)\ \sin \tfrac{1}{2} a = \sqrt{\left(\frac{r^2 \cdot - \cos \frac{1}{2}(\alpha + \beta + \gamma) \cos \frac{1}{2}(\beta + \gamma - \alpha)}{\sin \gamma \sin \beta}\right)}$$

$$5)\ \sin \tfrac{1}{2} b = \sqrt{\left(\frac{r^2 \cdot - \cos \frac{1}{2}(\alpha + \beta + \gamma) \cos \frac{1}{2}(\alpha + \gamma - \beta)}{\sin \alpha \sin \gamma}\right)}$$

$$6)\ \sin \tfrac{1}{2} c = \sqrt{\left(\frac{r^2 \cdot - \cos \frac{1}{2}(\alpha + \beta + \gamma) \cos \frac{1}{2}(\alpha + \beta - \gamma)}{\sin \alpha \sin \beta}\right)}$$

$$7)\ \cos \tfrac{1}{2} a = \sqrt{\left(\frac{r^2 \cos \frac{1}{2}(\alpha + \beta - \gamma) \cos \frac{1}{2}(\alpha + \gamma - \beta)}{\sin \beta \sin \gamma}\right)}$$

$$8)\ \cos \tfrac{1}{2} b = \sqrt{\left(\frac{r^2 \cos \frac{1}{2}(\beta + \alpha - \gamma) \cos \frac{1}{2}(\beta + \gamma - \alpha)}{\sin \alpha \sin \gamma}\right)}$$

$$9)\ \cos \tfrac{1}{2} c = \sqrt{\left(\frac{r^2 \cos \frac{1}{2}(\gamma + \alpha - \beta) \cos \frac{1}{2}(\gamma + \beta - \alpha)}{\sin \alpha \sin \beta}\right)}$$

Anmerk. Auch bei diesen Formeln könnte man die Summe der Winkel durch einen Buchstaben, etwa σ benennen, da dann $\alpha + \beta - \gamma = \alpha + \beta + \gamma - \gamma - \gamma = \sigma - 2\gamma$, eben so $\alpha + \gamma - \beta = \sigma - 2\beta$ und $\beta + \gamma - \alpha = \sigma - 2\alpha$ zu bezeichnen ist.

Zusatz 2. Als Bemerkungen für die Beurtheilung und den Gebrauch der obigen Formeln, merke man Folgendes. Da die Summe der Winkel des Triangels stets zwischen 2 R und 6 R liegt (§. 43), so liegt die halbe Summe immer zwischen 1 R und 3 R, und Winkel von dieser Größe, haben stets negative Cosinus. Der erste Factor im Zähler der ersten sechs Formeln, ist folglich stets negativ, wird also, da er auch das negative Vorzeichen hat, wieder positiv, d. h. bei der Rechnung wird man $\cos \frac{1}{2}(\alpha + \beta + \gamma)$ stets positiv einzuführen haben. Um aber versichert zu sein, daß, oder ob der Cosinus der Hälfte von der Summe zweier weniger dem dritten Winkel, auch immer positiv ist, damit nicht etwa der Bruch (da nemlich dessen Ausdruck unter dem Wurzelzeichen steht) negativ, also die Wurzel imaginär werde; überlege man:

wenn $180^\circ - \alpha = \alpha'$ heißt, eben so

$180^\circ - \beta = \beta'$ und

$180^\circ - \gamma = \gamma'$ genannt wird; so ist

2. $180^\circ - (\alpha + \beta) - 180 + \gamma = \alpha' + \beta' - \gamma'$ oder

$180^\circ - (\alpha' + \beta' - \gamma') = \alpha + \beta - \gamma$. Da aber (§ 42, 2) die Summe der Supplemente zweier Winkel stets größer als der dritte Winkel ist, so ist $\alpha' + \beta' - \gamma'$, stets ein positiver Werth, er heiße p; also $180^\circ - p = \alpha + \beta - \gamma$, und

$\frac{1}{2}(180^\circ - p) = 90^\circ - \frac{1}{2}p = \frac{1}{2}(\alpha + \beta - \gamma)$.

Jedem aber p bestimmt < 4 R ist (da $\alpha' + \beta' + \gamma'$ schon $< 360^\circ$ ist), so ist $\frac{1}{2}p < 180^\circ$, und man setze $\frac{1}{2}p = 180^\circ - q$, wo nach den Umständen q sehr klein, aber auch fast an 180° heran sein kann. Jedem nun $\frac{1}{2}(\alpha+\beta-\gamma)=90^\circ-\frac{1}{2}p=90^\circ-(180^\circ-q)=q-90^\circ$ wird, sieht man, daß $\frac{1}{2}(\alpha+\beta-\gamma)$ nahe an 90° (wenn nemlich q nahe an 180° ist) oder nahe an -90° (wenn q sehr klein ist) sein kann, gewiß aber zwischen diesen Grenzen sich befindet, alle Winkel in diesen Grenzen haben aber einen positiven Cosinus. Wäre zufällig $q=90^\circ$, so ist $\frac{1}{2}(\alpha+\beta-\gamma)=0$, also $\cos\frac{1}{2}(\alpha+\beta-\gamma)=\cos 0=1$; für $q=0$, würde $\frac{1}{2}(\alpha+\beta-\gamma)=-90^\circ$ sein, d. h. $\cos\frac{1}{2}(\alpha+\beta-\gamma)=\cos-90^\circ=0$ werden, d. h. solcher Triangel hätte keine Seite oder ist unmöglich (Da dann $\alpha+\beta=\gamma$ sein müßte, so wäre beim Polartriangel solches Triangels dem Satze §. 37 widersprochen). Daß man nur den positiven Werth der Wurzel brauchen kann, hat denselben Grund wie im vorigen §. (Zusatz 2 daselbst).'

Zusatz. 3. Als Beispiel sei gegeben:
$\angle\alpha=150^\circ\,24'$, $\angle\beta=86^\circ\,56'$, $\angle\gamma=104^\circ\,8'$.
Die verschiedenen Zusammenstellungen dieser Winkel geben:

	150° 24′	150° 24′	86° 56′
150° 24′	86° 56′	104° 8′	104° 8′
86° 56′	237° 20′	254° 32′	191° 4′
104° 8′	104° 8′	86° 56′	150° 24′
341° 28′	133° 12′	167° 36′	40° 40′
170° 44′ =	66° 36′ =	83° 48′	20° 20′ =
$\frac{1}{2}(\alpha+\beta+\gamma)$	$\frac{1}{2}(\alpha+\beta-\gamma)$	$\frac{1}{2}(\alpha+\gamma-\beta)$	$\frac{1}{2}(\beta+\gamma-\alpha)$
l.cos170°44′=	logcos66° 6′=	logcos83°48′=	logcos20°20′=
log cos 9°16′=	9,5989523	9,0334212	9,9720579.
9,9942950			

Nach der 1sten Gleichung (Zusatz 1) berechne man tang $\frac{1}{2}$ a, so ist, sogleich die Berechnung ohne weiteren Ansatz der Formel, gemacht:

20,	
log cos 170° 44′ = 9,9942950	log cos 66° 36′ = 9,5989523
log cos 20° 20′ = 9,9720579	log cos 83° 48′ = 9,0334212
39,9663529	18,6323735
18,6323735	
21,3339794 (: 2	
10,6669897 = log tang ½ a,	

daher ½ a = 77° 51′ 2″ und a = 145° 42′ 4″.

Zur Berechnung der Seite b, wähle man die 5te Gleichung (Zusatz 1), so erhält man für log sin ½ b diese Rechnung:

20,	
log cos 170° 44′ = 9,9942950	log sin 150° 24′ = 9,6936758
log cos 83° 48′ = 9,0334212	log sin 104° 8′ = 9,9866599
39,0277162	19,6803297
19,6803267	
19,3473895 (: 2	
9,6736947 = log sin ½ b,	

hiernach ist ½ b = 28° 8′ 48″ und b = 56° 17′ 36″. Endlich suche man c nach der 9ten Gleichung, so ist die Rechnuug für cos ½ c:

20,	
log cos 83° 48′ = 9,0334212	log sin 150° 24′ = 9,6936758
log cos 20° 20′ = 9,9720579	log sin 86° 56′ = 9,9993776
39,0054791	19,6930534
19,6930534	
19,3124257 (: 2	
9,6562128 = log cos ½ c,	

woraus ½ c = 63° 3′ 22″ also c = 126° 6′ 44″ folgt.

Anmerk. Ueber die Prüfungen der Resultate, ist das Wesendliche schon öfter bemerkt, und auch der Zusatz 4 zum vorigen §. hier zu merken.

§. 85. Aufgabe.

Aus zwei Seiten und dem eingeschlosse=

nen Winkel eines sphärischen Triangels, die übrigen Stücke zu berechnen.

Auflösung. Zuerst mögen die beiden unbekannten Winkel gesucht werden *). Die nachfolgende Auflösung lehrt, die halbe Summe und die halbe Differenz dieser beiden Winkel finden, da, wie als bekannt hier vorauszusetzen ist, dann die beiden Winkel leicht selbst gefunden werden **). Es seien die Seiten a und b, also auch $\angle \gamma$ gegeben; so nehme man aus der Klasse III. (§. 74) die beiden Gleichungen, welche Werthe für $\cos\alpha$ und $\cos\beta$ (als für die beiden gesuchten Winkel) geben. Durch einfache Umwandlung erhält man aus jenen Gleichungen:

$$\cos\alpha + \cos\gamma\cos\beta = \sin\gamma\sin\beta\cos a$$ und

$$\cos\beta + \cos\gamma\cos\alpha = \sin\gamma\sin\alpha\cos b.$$

Die erste Gleichung durch die zweite dividirt, giebt:

$$\frac{\cos\alpha + \cos\gamma\,\cos\beta}{\cos\beta + \cos\gamma\,\cos\alpha} = \frac{\sin\beta\,\cos a}{\sin\alpha\,\cos b} = \frac{\sin b\,\cos a}{\sin a\,\cos b}$$ (weil

nach den Formeln der Klasse I. (§. 73), $\frac{\sin\beta}{\sin\alpha} = \frac{\sin b}{\sin a}$ ist). Wird zu beiden Seiten der Gleichung 1 addirt, so ist:

$$\frac{\cos\alpha + \cos\gamma\,\cos\beta}{\cos\beta + \cos\gamma\,\cos\alpha} + 1 = \frac{\sin b\,\cos a}{\sin a\,\cos b} + 1,$$

oder aufgelöset:

$$\frac{\cos\alpha + \cos\gamma\cos\beta + \cos\beta + \cos\gamma\cos\alpha}{\cos\beta + \cos\gamma\cos\alpha}$$

$= \sin$

---

*) Nach den Formeln der Klasse V. (§. 76) ist jeder der Winkel durch seine Cotangente sogleich zu finden, nur durch eine für die logarithmische Rechnung unbequeme Formel.

**) Nemlich: ist $\frac{1}{2}s$ die halbe Summe und $\frac{1}{2}d$ die halbe Differenz zweier Größen x und y; so ist die größere von ihnen $= \frac{1}{2}s + \frac{1}{2}d$ und die kleinere $\frac{1}{2}s - \frac{1}{2}d$, wie man aus den Gleichungen $x + y = s$ und $x - y = d$, leicht findet.

$= \frac{\sin b \cos a + \sin a \cos b}{\sin a \cos b}$, welches man nach bekannten Veränderungen schreiben kann:

$$\frac{\cos\alpha\,(1+\cos\gamma) + \cos\beta\,(1+\cos\gamma)}{\cos\beta + \cos\gamma\,\cos\alpha} = \frac{\sin\,(a+b)}{\sin a \cos b}$$

(Formel 1 im Anhang)

oder $\frac{(\cos\alpha + \cos\beta)\,(1+\cos\gamma)}{\cos\beta + \cos\gamma\cos\alpha} = \frac{\sin\,(a+b)}{\sin a \cos b}$.

Wenn von der obigen Gleichung eben so 1 subtrahirt wird, so kommt man durch die analogen Umwandelungen, eben so auf die Gleichung:

$\frac{(\cos\alpha - \cos\beta)\,(1-\cos\gamma)}{\cos\beta + \cos\gamma\,\cos\alpha} = \frac{\sin\,(b-a)}{\sin a \cos b}$ (Formel 3 im Anhang). Dividirt man diese letzte Gleichung durch die vorige, so erhält man (nach der Hebung der gleichen Factoren gegen einander), da nach Formel 39 $\frac{1-\cos\gamma}{1+\cos\gamma} = \text{tang}\,\frac{1}{2}\gamma^2$ giebt, $\frac{\cos\alpha - \cos\beta}{\cos\alpha + \cos\beta} \cdot \text{tang}\,\frac{1}{2}\gamma^2$ $= \frac{\sin\,(b-a)}{\sin\,(b+a)}$. Den ersten Factor der linken Seite nach Formel 36, Zähler und Nenner der rechten Seite aber nach Formel 5 umgewandelt *) und hier den Factor 2 im Zähler und Nenner gehoben, giebt die Gleichung:

$$\text{tang}\,\tfrac{1}{2}\,(\alpha+\beta)\ \text{tang}\,\tfrac{1}{2}\,(\beta-\alpha)\ \text{tang}\,\tfrac{1}{2}\,\gamma^2 = \frac{\sin\tfrac{1}{2}\,(b-a)\cos\tfrac{1}{2}\,(b-a)}{\sin\tfrac{1}{2}\,(b+a)\cos\tfrac{1}{2}\,(b+a)}.$$

Aus der (schon vorher erwähnten) Gleichung:

$\frac{\sin b}{\sin a} = \frac{\sin\beta}{\sin\alpha}$, folgt nun, wenn man 1 zu addirt:

$\frac{\sin b + \sin a}{\sin a} = \frac{\sin\beta + \sin\alpha}{\sin\alpha}$, und wenn man 1 sub-

*) Indem das a in Formel 5, hier $(b-a)$ im Zähler, im Nenner aber $(b+a)$ ist.

trahirt $\frac{\sin b - \sin a}{\sin a} = \frac{\sin \beta - \sin \alpha}{\sin \alpha}$; diese Gleichung durch die erstern dividirt, giebt:

$\frac{\sin b - \sin a}{\sin b + \sin a} = \frac{\sin \beta - \sin \alpha}{\sin \beta + \sin \alpha}$; die linke Seite nach Formel 20 und 19, die rechte nach Formel 31 umgewandelt, erhält man nach der Hebung des Factors 2:

$$\frac{\sin \frac{1}{2}(b-a) \cos \frac{1}{2}(b+a)}{\sin \frac{1}{2}(b+a) \cos \frac{1}{2}(b-a)} = \operatorname{tang} \tfrac{1}{2}(\beta-\alpha) \cot \tfrac{1}{2}(\beta+\alpha).$$

Wird die vorher gefundene Gleichung, durch die so eben gefundene dividirt; so erhält man:

$$\frac{\operatorname{tang} \frac{1}{2}(\alpha+\beta) \operatorname{tang} \frac{1}{2}(\beta-\alpha)}{\operatorname{tang} \frac{1}{2}(\beta-\alpha) \cot \frac{1}{2}(\beta+\alpha)} \cdot \operatorname{tang} \tfrac{1}{2}\gamma^2 =$$

$$\frac{\dfrac{\sin \frac{1}{2}(b-a) \cos \frac{1}{2}(b-a)}{\sin \frac{1}{2}(b+a) \cos \frac{1}{2}(b+a)}}{\dfrac{\sin \frac{1}{2}(b-a) \cos \frac{1}{2}(b+a)}{\sin \frac{1}{2}(b+a) \cos \frac{1}{2}(b-a)}},$$

oder die sich hebenden Factoren gehörig gehoben, die anderen aber verkürzt gesetzt:

$\frac{\operatorname{tang} \frac{1}{2}(\alpha+\beta)}{\cot \frac{1}{2}(\beta+\alpha)} \cdot \operatorname{tang} \frac{1}{2}\gamma^2$ d. h. $\operatorname{tang} \frac{1}{2}(\alpha+\beta)^2 \operatorname{tang} \frac{1}{2}\gamma^2 = \frac{\cos \frac{1}{2}(b-a)^2}{\cos \frac{1}{2}(b+a)^2}$; aus beiden Seiten die Quadrantenwurzel gezogen, wird:

$\operatorname{tang} \frac{1}{2}(\alpha+\beta) \operatorname{tang} \frac{1}{2}\gamma = \frac{\cos \frac{1}{2}(b-a)}{\cos \frac{1}{2}(b+a)}$; durch $\operatorname{tang} \frac{1}{2}\gamma$ dividirt, wird endlich $\operatorname{tang} \frac{1}{2}(\alpha+\beta) =$

$$\cot \tfrac{1}{2}\gamma \cdot \frac{\cos \frac{1}{2}(b-a)}{\cos \frac{1}{2}(b+a)}.$$

Hätte man jene beide Gleichungen, anstatt sie durch einander zu dividiren, mit einander multipliciret; so würde man bekommen haben:

$\operatorname{tang} \frac{1}{2}(\beta-\alpha)^2 \operatorname{tang} \frac{1}{2}\gamma^2$ *) $= \frac{\sin \frac{1}{2}(b-a)^2}{\sin \frac{1}{2}(b+a)^2}$ (indem

*) Es ist nemlich $\operatorname{tang} \frac{1}{2}(\alpha+\beta) \cot \frac{1}{2}(\alpha+\beta) = \operatorname{tang} \frac{1}{2}(\alpha+\beta) : \operatorname{tang} \frac{1}{2}(\alpha+\beta) = 1$, wodurch diese Factoren verschwinden.

die anderen Factoren sich heben); die Wurzel ausgezogen, giebt:

$$\tang \tfrac{1}{2}(\beta-\alpha)\ \tang \tfrac{1}{2}\gamma = \frac{\sin \frac{1}{2}(b-a)}{\sin \frac{1}{2}(b+a)},\ \text{also:}$$

$$\tang \tfrac{1}{2}(\beta-\alpha) = \cot \tfrac{1}{2}\gamma \cdot \frac{\sin \frac{1}{2}(b-a)}{\sin \frac{1}{2}(b+a)}.$$

Man hat also durch die beiden Werthe für $\tang \frac{1}{2}(\alpha+\beta)$ und $\tang \frac{1}{2}(\beta-\alpha)$, die halbe Summe und die halbe Differenz beider gesuchten Winkel. Die, durch die Entwickelung gebildete Formel, setzt Seite $b > a$ voraus, weshalb denn auch $\angle \beta > \angle \alpha$ wird (§ 52, Zusatz); ist $a > b$, so ist die Aenderung in der Formel für $\tang \frac{1}{2}(\beta-\alpha)$ *) einfach die, daß β mit α, also auch b mit a vertauscht wird, wenn man nemlich, was allerdings thunlich ist, die negativen Werthe vermeiden will. — So weitläuftig diese Formeln auch in der Entwickelung sind, so kurz sind sie bei der Rechnung, wie ein Beispiel im Zusatz 3 zeigen wird. (S. §. 89, 1).

Nachdem man nun die drei Winkel des Triangels hat, kann man sich zur Aufsuchung der dritten Seite, des Satzes §. 73 Zusatz 2 oder der Formeln §. 84 bedienen. Aber es giebt die Klasse II. (§. 73) auch sogleich die 3te Seite durch ihren Cosinus an, nemlich

$$\cos c = \cos b \cos a + \sin b \sin a \cos \gamma,$$

welche Formel für die logarithmische Rechnung freilich nicht recht bequem ist. (S. Zus. 4). Eine andere Methode diese dritte Seite aus den drei gegebenen Stücken zu finden, soll im Zusatz 5 und in §. 88, 1 gelehrt werden.

Zusatz 1. Die für diesen §. zusammenzustellenden Formeln, würden also sein:

---

*) In der Formel für $\tang \frac{1}{2}(\alpha+\beta)$, ist diese Versetzung ganz überflüßig, denn $\cos \frac{1}{2}(b-a)$ ist $= \cos \frac{1}{2}(a-b)$; doch kann man sie auch vornehmen.

$$\left.\begin{array}{l} 1)\ \tang \tfrac{1}{2}(\alpha+\beta) = \cot \tfrac{1}{2}\gamma \cdot \dfrac{\cos \frac{1}{2}(a-b)}{\cos \frac{1}{2}(a+b)} \\ 2)\ \tang \tfrac{1}{2}(\alpha-\beta) = \cot \tfrac{1}{2}\gamma \cdot \dfrac{\sin \frac{1}{2}(a-b)}{\sin \frac{1}{2}(a+b)} \end{array}\right\} \text{zusammen gehörend.}$$

$$\left.\begin{array}{l} 3)\ \tang \tfrac{1}{2}(\alpha+\gamma) = \cot \tfrac{1}{2}\beta \cdot \dfrac{\cos \frac{1}{2}(a-c)}{\cos \frac{1}{2}(a+c)} \\ 4)\ \tang \tfrac{1}{2}(\alpha-\gamma) = \cot \tfrac{1}{2}\beta \cdot \dfrac{\sin \frac{1}{2}(a-c)}{\sin \frac{1}{2}(a+c)} \end{array}\right\} \text{zusammen gehörend.}$$

$$\left.\begin{array}{l} 5)\ \tang \tfrac{1}{2}(\beta+\gamma) = \cot \tfrac{1}{2}\alpha \cdot \dfrac{\cos \frac{1}{2}(b-c)}{\cos \frac{1}{2}(b+c)} \\ 6)\ \tang \tfrac{1}{2}(\beta-\gamma) = \cot \tfrac{1}{2}\alpha \cdot \dfrac{\sin \frac{1}{2}(b-c)}{\sin \frac{1}{2}(b+c)} \end{array}\right\} \text{zusammen gehörend.}$$

Die Formeln sind sogleich für die logarithmische Rechnung eingerichtet, indem der Factor r überall wieder durch Hebung verschwindet, wenn man ihn auch nach §. 77. einführt. — Die drei Formeln der Klasse II. (§. 73), könnten hier auch nach folgen, brauchten aber dann blos abgeschrieben zu werden.

Zusatz 2. Außerdem daß man, wie schon vorher bemerkt, bei der wirklichen Berechnung die Formel stets so setzen wird, daß in den Zählern, wo die Differenz zweier Seiten vorkommt, die größere Seite als Minuendus erscheint; bieten die gefundenen Formeln nur noch folgende Betrachtungen dar. Die halbe Summe zweier Seiten ist stets $< 180°$, doch kann diese (nicht so die halbe Differenz) $>$ oder $< 90°$ sein, was von Einfluß ist bei den Werthen für die Tangenten der halben Summe zweier Winkel, indem der Cosinus (der als Divisor erscheint) dann negativ werden kann.*) Was die Cotangente des halben Winkels anbetrifft, so ist dieser Factor stets positiv, da ein halber Win-

*) Bei den gefundenen Formeln für $\tang \frac{1}{2}$ (Differenz zweier Winkel), kommt der Sinus vor, der bei Winkeln die $< 180°$ sind, stets positiv ist.

kel immer $< 90°$ ist. Ist nun jener Divisor negativ, so wird das Resultat, tang $\frac{1}{2}$ Summe zweier Winkel, auch negativ, daher die Tangente zu einem stumpfen Winkel gehört, indem unbedingt $\frac{1}{2}$ Summe zweier Winkel $\lesssim 180°$ sein muß. *) Der Ausdruck für tang $\frac{1}{2}$ Differenz zweier Winkel, ist, wie schon erläutert, aber immer positiv, wie es auch für die halbe Differenz zweier Winkel, die stets $< 90°$ ist, sein muß. Da hiernach die Tangente der halben Summe zweier Winkel, und der Cosinus der halben Summe der, jenen Winkeln gegenüberliegenden Seiten (z. B. $\tang \frac{1}{2} (\alpha + \beta)$ und $\cos \frac{1}{2} (a + b)$), immer von gleicher Eigenschaft sind (gleiche Vorzeichen + oder — haben); so sieht man, daß die halbe Summe jener Winkel und die halbe Summe der gegenüberliegenden Seiten, stets von gleicher Art sein müssen, was §. 60, 3 schon geometrisch bewiesen ist, und woraus sogleich wieder §. 60, 2 sich folgern läßt.

Anmerkung. Dergleichen Beweise geometrischer Sätze durch Hülfe der teigonometrischen Formeln, sind sehr zu empfehlen, da sie oft kürzer und allgemeiner einen Satz beweisen, als es auf geometrischem Wege, wenn man viele Constructionen vermeiden will, geschieht, wiewol die geometrischen Beweise auch ihre Vorzüge haben. Den eben genannten Satz, kann man auch auf folgende Weise darthun. Nach §. 73 (Ite Klasse von Formeln), hat man:

$$\sin a : \sin b = \sin \alpha : \sin \beta, \text{ also auch}$$

$$\sin a + \sin b : \sin a - \sin b = \sin \alpha + \sin \beta : \sin \alpha - \sin \beta$$

und hiernach $\frac{\sin a + \sin b}{\sin a - \sin b} = \frac{\sin \alpha + \sin \beta}{\sin \alpha - \sin \beta}$; oder (nach Formel 31 im Anhange)

*) Negative Tangenten gehören auch zum 4ten Quadranten, von welchem hier aber nicht die Rede sein kann.

$$\frac{\operatorname{tang} \frac{1}{2} (a + b)}{\operatorname{tang} \frac{1}{2} (a - b)} = \frac{\operatorname{tang} \frac{1}{2} (\alpha + \beta)}{\operatorname{tang} \frac{1}{2} (\alpha - \beta)} \quad ^{*)}.$$

Da $\frac{1}{2}(a - b)$ so wie $\frac{1}{2}(\alpha - \beta)$, der Natur der sphärischen Triangel gemäß, stets $< 90°$ ist; so sind die Nenner beider Brüche stets positiv **), die Zähler also auch von gleicher Eigenschaft, was $\frac{1}{2}(a + b)$ so wie $\frac{1}{2}(\alpha + \beta)$, d. h. die halben Summen zweier Seiten und ihrer gegenüberliegenden Winkel, beide im 1ten oder beide im 2ten Quadranten (nemlich ihre Werthe $<$ oder $>$ 90°) bedingt. Dies ist der §. 60, 3 behauptete Satz, aus dem §. 60, 2 wiederum einfach folgt.

Zusatz 3. Es sei gegeben:

Seite $a = 125° 46'$, Seite $c = 16° 20'$, $\angle \beta = 100°$.

Man hat zuerst:

$a + c = 142° 6'$, $\frac{1}{2}(a + c) = 71° 3'$

$a - c = 109° 26'$, $\frac{1}{2}(a - c) = 54° 43'$

$\frac{1}{2}\beta = 50°$. Die Rechnung giebt:

(daß die Formeln 3 und 4 im Zusatz 1. gebraucht werden, ist wol kaum noch zu erinnern)

log cot 50° = 9,9238135	log cot 50° = 9,9238135
log cos 54° 43′ = 9,7616424	log sin 54° 43′ = 9,9118528
19,6854559	19,8356663
log cos 71° 3′ = 9,5115397	log sin 71° 3′ = 9,9758004
10,1739162	9,8598659
$= \log \operatorname{tang} \frac{1}{2}(\alpha + \gamma)$;	$= \log \operatorname{tang} \frac{1}{2}(\alpha - \gamma)$,
$\frac{1}{2}(\alpha + \gamma) = 56° 10' 38''$	$\frac{1}{2}(\alpha - \gamma) = 35° 54' 43''$.

Nunmehr ist $\angle \alpha = 56° 10' 38'' + 35° 54' 43'' = 92° 5' 21''$

und $\angle \gamma = 56° 10' 38'' - 35° 54' 43'' = 20° 15' 55''$.

Um die dritte Seite b zu finden, kann man nun nach §. 73. Zusatz 2 schließen:

---

*) Aus dieser Gleichung ist eine, leicht auch in Worte zu übertragende Proportion zu bilden.

**) Wäre $b > a$, also auch $\beta > \alpha$, so wären beide Nenner negativ; nur braucht man dies, besonders bei der allgemein entwickelten Gleichung, gar nicht anzunehmen.

$$\sin b : \sin c = \sin \beta : \sin \gamma, \text{ daher}$$

$$\log \sin b = \log \sin c + \log \sin \beta - \log \sin \gamma;$$

$$\begin{array}{ll} \log \sin 16^\circ\ 20' = & 9,\ 4490540 \\ \log \sin 100^\circ \quad = & \underline{9,\ 9933515} \\ & 19,\ 4424055 \\ \log \sin 20^\circ\ 15'\ 55'' = & \underline{9,\ 5395367} \\ & 9,\ 9028688 = \log \sin 53^\circ\ 5'\ 2''. \end{array}$$

Es frägt sich aber noch: ob Seite $b = 53^\circ\ 5'\ 2''$ oder $180^\circ - 53^\circ\ 5'\ 2''$ ist. Da $\beta > \alpha$, so ist auch $b > a$, da aber $a > 90^\circ$ ($= 125^\circ\ 46'$) gegeben, so ist auch $b > 90^\circ$, also b das Supplement von dem gefundenen Werthe, d. h. $126^\circ\ 54'\ 58''$ (die Prüfung: da $\beta > \gamma$ so auch $b > c$; hätte, indem $c = 16^\circ\ 20'$ ist, den Werth b noch nicht unbedingt $> 90^\circ$, sondern nur $> 16^\circ\ 20'$ gegeben, was, da der mögliche kleinere Werth von b (als 53° u. s. w. *) $> 16^\circ\ 20'$ schon ist, auch diesen kleineren Werth für b, der doch wie gefunden nicht der richtige ist, zugelassen hätte.)

Zusatz. 4. Um ein Beispiel für die Rechnung nach der Formel

$$\cos a = \cos b \cos c + \sin b \sin c \cos \alpha$$

zu geben; nehme man:
$b = 79^\circ\ 26'$, $c = 18^\circ\ 40'$, $\alpha = 48^\circ\ 20'$. Die einzelnen Glieder der rechten Seite, werden nun mit Logarithmen berechnet, dafür die Zahlen gesucht, diese vereiniget, dann (wenn man keine Tafeln hat welche die Linien selbst enthalten, wie hier vorausgesetzt werden mag) von Neuem der Logarithmus, und für diesen der Bogen gesucht, dabei aber auf den Radius stets die gehörige Rücksicht genommen. Man hat nun:

---

*) Bei dergleichen Untersuchungen, hat man zunächst nur die Grade zu berücksichtigen, und erst in gewissen Fällen die Minuten, Secunden u. s. w. — Wann wol?

$\log \cos 79° 26' = 9{,}2633507$	$\log \sin 79° 26' = 9{,}9925722$
$\log \cos 18° 40' = 9{,}9765318$	$\log \sin 18° 40' = 9{,}5052339$
$19{,}2398825$	$\log \cos 48° 20' = 9{,}8226883$
davon $\log r^2 = 2 . \log \sin t = 20,$	$29{,}3204944$
läßt 0,2398825 — 1, wozu	davon ab 30 ($= \log r^3$)
die Zahl 0,1737331 (durch	bleibt 0, 3204944 — 1
Hülfe der Proportionaltheile	wozu die Zahl
gesucht) gehört.	0,2091676 gehört.

Nunmehr ist 0,1737331
0,2091676
0,3829007 = cos a; hierfür der Logarithmus ist 0,5830862 — 1, und dazu 10, giebt den tabellarischen log cos a als 9, 5830862, wozu der Werth a = 67° 29′ 10″ gehört.

Zusatz 5. Eine andere, ganz durch Logarithmen zu berechnende Formel für Seite a, die auch, wenn die Werthe klein sind, wo die Nummern also leicht eine, für den Fall zu bedeutende Abweichung von der Wahrheit geben könnten (wenn diese Abweichung auch höchstens auf eine bis zwei Minuten gehen würde), ist folgende Formel. Man nehme wieder die Stücke b, c und $\angle \alpha$ als gegeben an; so ist zuerst wie bekannt:

$$\cos \alpha = \frac{\cos a - \cos b \cos c}{\sin b \sin c}; \text{ daher *)}$$

$$1 - \cos \alpha = \frac{\sin b \sin c + \cos b \cos c - \cos a}{\sin b \sin c}.$$

Die erste Seite nach Formel 7 (im Anhang), die zweite nach Formel 4 umgeändert, giebt

$$2 \sin \tfrac{1}{2} \alpha^{2\prime} = \frac{\cos (b - c) - \cos a}{\sin b \sin c} \text{ **) oder}$$

*) Durch die früheren Auflösungen in der Uebung hinlänglich vorbereitet, können die folgenden Umwandlungen kürzer geführt werden.

**) Auch kann cos (c — b) gesetzt werden, da cos (c — b) = cos (b — c) ist.

$2 \sin \frac{1}{2} \alpha^2 \sin b \sin c = \cos (b - c) - \cos a$. Wird jedes Glied der rechten Seite nach Formel 7 umgewandelt, nemlich für $\cos (b - c)$ gesetzt

$1 - 2 \sin \frac{1}{2} (b - c)^2$ und für $\cos a$ eben so

$1 - 2 \sin \frac{1}{2} a^2$; so ist:

$$2 \sin \tfrac{1}{2} \alpha^2 \sin b \sin c = 1 - 2 \sin \tfrac{1}{2} (b - c)^2 - (1 - 2 \sin \tfrac{1}{2} a^2)$$

oder

$$\sin \tfrac{1}{2} \alpha^2 \sin b \sin c = \sin \tfrac{1}{2} a^2 - \sin \tfrac{1}{2} (b - c)^2,$$ daher

$$\sin \tfrac{1}{2} a = \sqrt{(\sin \tfrac{1}{2} \alpha^2 \sin b \sin c + \sin \tfrac{1}{2} (b - c)^2)}$$

$$= \sqrt{\left(\frac{\sin \frac{1}{2} \alpha^2 \sin b \sin c}{\sin \frac{1}{2} (b - c)^2} . \sin \tfrac{1}{2} (b - c)^2) + \sin \tfrac{1}{2} b - c)^2 \right)}$$

$$= \sin \tfrac{1}{2} (b - c \sqrt{\left(\frac{\sin \frac{1}{2} \alpha^2 \sin b \sin c}{\sin \frac{1}{2} (b - c)^2} + 1\right)}.$$

Um diesen Ausdruck für die logarithmische Rechnung bequemer zu machen, ändere man die, unter dem Wurzelzeichen stehende Summe, ab. Nemlich: da eine Tangente allgemein jeden Werth, von Null bis Unendlich, positiv oder negativ haben kann; so setze man:

$$\frac{\sin \frac{1}{2} \alpha^2 \sin b \sin c}{\sin \frac{1}{2} (b - c)^2} = \operatorname{tang} \mu^2,$$ also

$$\frac{\sin \frac{1}{2} \alpha}{\sin \frac{1}{2} (b - c)} \sqrt{\sin b \sin c} = \operatorname{tang} \mu,$$ wo

μ ein, für den besonderen Fall sich ergebender bestimmter Werth ist. Dann wird

$$\sin \tfrac{1}{2} a = \sin \tfrac{1}{2} (b - c) \sqrt{(\operatorname{tang} \mu^2 + 1)}$$

$$= \sin \tfrac{1}{2} (b - c) . \operatorname{secante} \mu,$$

da nemlich $\operatorname{tang} \mu^2 + 1 = \sec \mu^2$ ist; und da (weil sich verhält $\cos : 1 = 1 : \sec$) $\sec = \frac{1}{\cos}$ ist, so wird endlich:

$$\sin \tfrac{1}{2} a = \frac{\sin \frac{1}{2} (b - c)}{\cos \mu}.$$

Um ein Beispiel in Zahlen hier zu geben, nehme man die im vorigen Zusatze gegebenen Werthe, wodurch sich sogleich die Genauigkeit beider Rechnungen vergleichen läßt. Ist also $b = 79^\circ\ 26'$ und $c = 18^\circ\ 40'$, so wird $b - c = 60^\circ\ 46'$, daher $\frac{1}{2}(b - c) = 30^\circ\ 23'$. Nun ist die Formel für $\tang \mu$, schon für die logarithmische Rechnung eingerichtet (§. 77); daher hat man

$$\log \tang \mu = \log \frac{\sin 24^\circ\ 10'}{\sin 30^\circ\ 23'} \sqrt{\sin 79^\circ\ 26' \sin 18^\circ\ 40'}$$

$$\begin{array}{rcll}
\log \sin 79^\circ\ 26' & = & 9{,}9925722 & \\
\log \sin 18^\circ\ 40' & = & \underline{9{,}5052339} & \text{addirt} \\
 & & 19{,}4978061 & (:2 \\
 & & 9{,}7489030 & = \log \sqrt{\sin b\ \sin c} \\
\log \sin 24^\circ\ 10' & = & \underline{9{,}6121397} & \text{addirt} \\
 & & 19{,}3610427 & \\
\log \sin 30^\circ\ 23' & = & \underline{9{,}7039641} & \text{subtrahirt} \\
 & & 9{,}6570786 & = \log \tang \mu,
\end{array}$$

dafür $\mu = 24^\circ\ 25'\ 9''$. Nun ferner:

$$\sin \tfrac{1}{2} a = \frac{r \cdot \sin \frac{1}{2}(b - c)}{\cos \mu} = \frac{r \cdot \sin 30^\circ\ 23'}{\cos 24^\circ\ 25'\ 9''};$$

$$\begin{array}{rcll}
10 + \log \sin 30^\circ\ 23' & = & 19{,}7039641 & \\
\log \cos 24^\circ\ 25'\ 9'' & = & \underline{9{,}9593186} & \\
 & & 9{,}7446455 & = \log \sin \tfrac{1}{2} a,
\end{array}$$

daher $\frac{1}{2} a = 33^\circ\ 44'\ 2''$ und $a = 67^\circ\ 28'\ 4''$. Im vorigen Zusatze fanden wir $a = 67^\circ\ 29'\ 10''$, daher der Unterschied beider gleich sein sollenden Werthe, $1'\ 6''$ ist. — (Wodurch wol entstanden?).

§. 86. Aufgabe.

Aus einer Seite und den beiden anliegenden Winkeln eines sphärischen Triangels, die übrigen Stücke zu berechnen.

Auflösung. Um zuerst die beiden unbekannten Seiten zu entwickeln, dient ein, der Auflösung in §. 85

ganz analoges Verfahren.*) Wenn nemlich die Seite c nebst den Winkeln α und β, die gegebenen Stücke sind; so geht man von den beiden Gleichungen (Klasse II. §. 73) aus:

$$\cos a - \cos c \cos b = \sin c \sin b \cos \alpha$$
$$\cos b - \cos c \cos a = \sin c \sin a \cos \beta,$$

in welchen nemlich die beiden zu suchenden Seiten (a und b) als erstes Glied erscheinen. Mit diesen Gleichungen eben so verfahren wie §. 85, kommt man auch auf die analogen Resultate wie dort, mit dem Unterschiede, daß, da die jetzigen Gleichungen auf der ersten Seite das Zeichen —, jene aber das + Zeichen haben, das Resultat sich hiernach modificiren wird. Ein Blick auf jene Auflösung zeigt, daß, nachdem zum Quotienten der beiden obigen Gleichungen erst 1 addirt und dann 1 subtrahirt ist, die beiden (wie dort) zuerst durch einander zu dividirenden Gleichungen sein werden:

$$\frac{(\cos a + \cos b)(1 - \cos c)}{\cos b - \cos c \cos \alpha} = \frac{\sin (\alpha + \beta)}{\sin \alpha \cos \beta} \text{ und}$$

$$\frac{(\cos a - \cos b)(1 + \cos c)}{\cos b - \cos c \cos \grave{a}} = \frac{\sin (\beta - \alpha)}{\sin \alpha \cos \beta}.$$

Diese zweite Gleichung durch die erste dividirt, giebt $\frac{\cos a - \cos b}{\cos a + \cos b} \cdot \cot \tfrac{1}{2} c^2 = \frac{\sin (\beta - \alpha)}{\sin (\alpha + \beta)}$, indem (Formel 39 umgekehrt) $\frac{1 + \cos c}{1 - \cos c} = \cot \tfrac{1}{2} c^2$ giebt. Die fernere Entwickelung, ganz wie in §. 85, führt auf dasselbe Resultat wie dort, sobald statt α, β, a, b und γ, gesetzt wird a, b, α, β und c. Es kann daher auch

---

*) Die Formeln der Klasse V. (§. 76) lehren jede der gesuchten Seiten durch ihre Cotangente sogleich finden, werden aber hier, wie in §. 85 übergangen.

nur im Endresultate eine Verschiedenheit dadurch entstehen, daß in der eben entwickelten Formel $\cot \frac{1}{2} c^2$, in §. 85 aber $\tan \frac{1}{2} \gamma^2$ steht, wodurch nunmehr wird

$$\operatorname{tang} \tfrac{1}{2} (a + b) = \operatorname{tang} \tfrac{1}{2} c \cdot \frac{\cos \frac{1}{2} (\beta - \alpha)}{\cos \frac{1}{2} (\beta + \alpha)}$$ und

$$\operatorname{tang} \tfrac{1}{2} (b - a) = \operatorname{tang} \tfrac{1}{2} c \cdot \frac{\sin \frac{1}{2} (\beta - \alpha)}{\sin \frac{1}{2} (\beta + \alpha)}.$$

Ist $\alpha > \beta$ gegeben, so wird auch $a > b$, und in die Formel kömmt $a - b$ und $\alpha - \beta$, statt $b - a$ und $\beta - \alpha$. Ueberhaupt sind die ferneren Bemerkungen bei diesen Formeln, ganz analog denen in §. 85. (Siehe §. 89, 2).

Um den dritten Winkel, sogleich durch die drei gegebenen Stücke zu finden, dienen die Formeln der Klasse III. (§. 74), wenn man nicht, nachdem die Seiten zuerst gefunden sind, sich des Satzes §. 73, Zusatz 2 bedienen will. — Eine andere Auflösung für den dritten Winkel, soll §. 88, 2 gelehrt werden. — Ein Beispiel in Zahlen ist aber hier um so weniger gegeben, als die, im Zusatz 3 und 4 zum vorigen §. durchgeführten Zahlenbeispiele, auch hier, bei den ganz analogen Formeln, den Weg der Rechnung zeigen.

Zusatz 1. Die Zusammenstellung der sämmtlichen Formeln, giebt nunmehr:

$$\left.\begin{array}{l} 1)\ \operatorname{tang} \frac{1}{2} (a + b) = \operatorname{tang} \frac{1}{2} c \cdot \dfrac{\cos \frac{1}{2} (\alpha - \beta)}{\cos \frac{1}{2} (\alpha + \beta)} \\ 2)\ \operatorname{tang} \frac{1}{2} (a - b) = \operatorname{tang} \frac{1}{2} c \cdot \dfrac{\sin \frac{1}{2} (\alpha - \beta)}{\sin \frac{1}{2} (\alpha + \beta)} \end{array}\right\} \text{zusammen gehörend.}$$

$$\left.\begin{array}{l} 3)\ \operatorname{tang} \frac{1}{2} (a + c) = \operatorname{tang} \frac{1}{2} b \cdot \dfrac{\cos \frac{1}{2} (\alpha - \gamma)}{\cos \frac{1}{2} (\alpha + \gamma)} \\ 4)\ \operatorname{tang} \frac{1}{2} (a - c) = \operatorname{tang} \frac{1}{2} b \cdot \dfrac{\sin \frac{1}{2} (\alpha - \gamma)}{\sin \frac{1}{2} (\alpha + \gamma)} \end{array}\right\} \text{zusammen gehörend.}$$

$$5)\ \tang \tfrac{1}{2}(b+c) = \tang \tfrac{1}{2} a \cdot \frac{\cos \frac{1}{2}(\beta-\gamma)}{\cos \frac{1}{2}(\beta+\gamma)}$$
zusammen gehörend.
$$6)\ \tang \tfrac{1}{2}(b-c) = \tang \tfrac{1}{2} a \cdot \frac{\sin \frac{1}{2}(\beta-\gamma)}{\sin \frac{1}{2}(\beta+\gamma)}$$

Die Formeln der Klasse III (§. 74) könnten hier, genau wie sie dort stehen, noch wiederholt werden. Daß die genannten sechs Formeln für die logarithmische Rechnung bereits eingerichtet sind, ist aus §. 77 leicht zu erkennen.

Zusatz. 2. Sucht man die, der im Zusatz 5 zum vorigen §. entwickelten Formel, hier analoge Formel; so wird sie anders, obgleich im Ganzen die ähnliche Auflösung für sie wie dort, vorgenommen wird. Nemlich man geht jetzt aus von der Formel

$$\cos c = \frac{\cos\gamma + \cos\alpha \cos\beta}{\sin\alpha \sin\beta}.$$ Nun ist

$$1 - \cos c = \frac{\sin\alpha \sin\beta - \cos\alpha \cos\beta - \cos\gamma}{\sin\alpha \sin\beta};$$

die erste Seite nach Formel 7, (im Anhang) den Zähler der zweiten Seite nach Formel 2 umgewandelt, giebt (mit Wegschaffung des Nenners)

$$2 \sin \tfrac{1}{2} c^2 \sin\alpha \sin\beta = -\cos(\alpha+\beta) - \cos\gamma;$$

dann die beiden Glieder der 2ten Seite, nach den Formeln 7 und 8 umgewandelt, wird: *)

$$2 \sin \tfrac{1}{2} c^2 \sin\alpha \sin\beta = -(1 - 2 \sin \tfrac{1}{2}(\alpha+\beta)^2) - (2 \cos \tfrac{1}{2}\gamma^2 - 1),$$

d. h. $\sin\frac{1}{2}c^2 \sin\alpha \sin\beta = \sin\frac{1}{2}(\alpha+\beta)^2 - \cos\frac{1}{2}\gamma^2$, daher

$$\cos \tfrac{1}{2}\gamma = \sqrt{(\sin \tfrac{1}{2}(\alpha+\beta)^2 - \sin \tfrac{1}{2} c^2 \sin\alpha \sin\beta)}$$

*) Auch kann man das 1ste Glied nach Formel 8 und das 2te nach Formel 7, umwandeln. Dann wird das Endresultat, dem im Zusatz 5. zum vorigen §. gefundenen Resultate ähnlicher als die hier, der Uebung wegen auf etwas verändertem Wege gesuchte Formel.

$$= \sin \tfrac{1}{2} (\alpha + \beta) \sqrt{\left(1 - \frac{\sin \frac{1}{2} c^2 \sin \alpha \sin \beta}{\sin \frac{1}{2} (\alpha + \beta)^2}\right)}.$$

Das 2te in der Paranthese stehende Glied muß, wenn es positiv ist, kleiner 1 sein, weil sonst in der Parenthese eine negative Größe stände, deren Wurzel imaginär würde, daher der Werth für $\cos \frac{1}{2} \gamma$ dann imaginär bliebe, was nicht möglich ist, wenn die Stücke (c, α und β) so gegeben sind, daß der Triangel möglich ist. Man setze nun ferner:

$$\frac{\sin \frac{1}{2} c^2 \sin \alpha \sin \beta}{\sin \frac{1}{2} (\alpha + \beta)^2} = \cos \eta^2, \text{ so ist } \cos \eta =$$

$$\frac{\sin \frac{1}{2} c}{\sin \frac{1}{2} (\alpha + \beta)} \sqrt{\sin \alpha \sin \beta}.$$ Die (oben) unter dem Wurzelzeichen stehende Größe, ist $1 - \cos \eta^2$, daher hat man:

$$\cos \tfrac{1}{2} \gamma = \sin \tfrac{1}{2} (\alpha + \beta) \sqrt{(1 - \cos \eta^2)}$$
$$= \sin \tfrac{1}{2} (\alpha + \beta) \sin \eta;$$

eine Formel, die sich logarithmisch wiederum sehr einfach behandeln läßt, nachdem man sie für diese Rechnung (laut §. 77)

$$\cos \tfrac{1}{2} \gamma = \frac{\sin \frac{1}{2} (\alpha + \beta) \text{ siu } \eta}{r} \text{ schreibt.}$$

Ein Beispiel in Zahlen ist nicht nöthig, da das im Zusatz 5 zum vorigen §. durchgeführte Zahlenbeispiel für die ähnliche Formel, den Weg der Rechnung deutlich zeigt.

§. 87. Aufgabe (Fig. 19).

Von einer Winkelspitze eines sphärischen Triangels, ist nach der gegenüber liegenden Seite ein Perpendikel gefällt; es sollen die Relationen zwischen den Stücken des Triangels und denen, durch den Perpendikel erzeugten Theilen jener Seite und des Winkels, gefunden werden.

Auflösung. Aus §. 55. ist bekannt, unter welchen Bedingungen der von A nach BC gefällte Perpendikel, innerhalb oder außerhalb des Triangels fällt. Man nehme an, derselbe fiele:

I. innerhalb des Triangels ABC, wie AD, und nenne dann $\angle BAD = \delta$, $\angle DAC = \lambda$, $BD = n$, $DC = m$ und $AD = p$. Die übrigen Bezeichnungen der Seiten und Winkel, bleiben die üblichen. Die gesuchten Relationen sind: die Verhältnisse zwischen den Stücken 1) n, m, β und γ; 2) n, m, δ und λ; 3) c, b, δ und λ; 4) c, b, n und m; 5) β, γ, δ und λ. Indem die beiden Triangel ADB und ADC rechtwinklich sind, hat man nach der Neperschen Regel (§. 79), wenn man wieder die bekannten Substitutionen vornimmt:

im Δ ABD, $\sin n = \cot\beta \tan p$, *) und

im Δ ADC, $\sin m = \cot\gamma \tan p$; daher

$$\sin n : \sin m = \cot\beta \tan p : \cot\gamma \tan p,$$

oder

1) $\sin n : \sin m = \cot\beta : \cot\gamma = \tan\gamma : \tan\beta$. **)

Ferner ist:

im Δ ABD, $\sin p = \tan n \cot\delta$, und

im Δ ADC, $\sin p = \tan m \cot\lambda$; daher:

$$\tan n \cot\delta = \tan m \cot\lambda, \text{ d. h.}$$

2) $\tan n : \tan m = \cot\lambda : \cot\delta = \tan\delta : \tan\lambda$

oder

$$\cot m : \cot n = \cot\lambda : \cot\delta = \tan\delta : \tan\lambda.$$

---

*) Nach der Regel selbst zuerst $\cos(90° - n) = \cot\beta \cot(90° - p)$.

**) Da $\frac{1}{\sin} = \operatorname{cosec}$, so kann man das erste Verhältniß setzen: $\sin n : \sin m = \frac{1}{\sin m} : \frac{1}{\sin n} = \operatorname{cosec} m : \operatorname{cosec} n$. Doch mögen die Secanten und Cosecanten, hier nicht weiter berücksichtigt werden.

Ferner ist:

im Δ ABD, $\cos\delta = \cot c \tan p$, und

im Δ ADC, $\cos\lambda = \cot b \tan p$; daher:

3) $\cos\delta : \cos\lambda = \cot c : \cot b = \tan b : \tan c$. *)

Ferner ist:

im Δ ABD, $\cos c = \cos n \cos p$, und

im Δ ADC, $\cos b = \cos m \cos p$; daher:

4) $\cos c : \cos b = \cos n : \cos m$, wo man leicht die Verhältnisse der Secanten einführen könnte.

Endlich ist:

im Δ ABD, $\cos\beta = \sin\delta \cos p$, und

im Δ ADC, $\cos\gamma = \sin\lambda \cos p$; daher:

5) $\cos\beta : \cos\gamma = \sin\delta : \sin\lambda$, wo die Verhältnisse der Secanten der Winkel β und γ, so wie das der Cosecanten der Winkel δ und λ, leicht einzuführen wäre.

II. Nimmt man an: der Perpendikel fiele außerhalb des Triangels, z. B. wie AE; so sind die beiden Linien BE und CE, so wie die beiden Winkel BAE und CAE, die, nunmehr mit den Stücken des Triangels ABC zu vergleichenden Theile. Nennt man den Nebenwinkel des Winkels γ, z. B. γ'; so kann man alle die vorher gebildeten Poportionen hier sogleich übertragen, wie ein Blick auf die, nach der Neperschen Regel vorher gebildeten Gleichungen, sogleich zeigt, wenn, statt dort Δ BAD und Δ DAC, hier Δ BAE und Δ CAE betrachtet, statt AD aber hier AE genommen wird. Man erhält also die Proportionen:

1) sin

*) Wiederum könnte das erste Verhältniß $\cos\delta : \cos\lambda = \sec\lambda : \sec\delta$ gesetzt werden, da $\frac{1}{\cos} = \sec$ ist.

1) $\sin BE : \sin CE = \cot \beta : \cot \gamma' = \tang \gamma' : \tang \beta$,
2) $\tang BE : \tang CE = \cot CAE : \cot BAE = \tang BAE : \tang CAE$,
3) $\cos BAE : \cos CAE = \cot c : \cot b = \tang b : \tang c$,
4) $\cos c : \cos b = \cos BE : \cos CE$,
5) $\cos \beta : \cos \gamma' = \sin BAE : \sin CAE$.

Anmerk. Wollte man aus der Betrachtung der Triangel BAD und DAC (oder BAE und CAE), noch die Gleichungen bilden: $\sin p = \sin c \sin \beta$ und $\sin p = \sin b \sin \gamma$; so wäre $\sin c \sin \beta = \sin b \sin \gamma$, daraus die Proportion folgt $\sin c : \sin b = \sin \gamma : \sin \beta$; man erhält also eine in §. 73, Zusatz 2, längst genannte Relation.

§. 88. Aufgaben (Fig. 19).

1) Aus zwei Seiten und dem eingeschlossenen Winkel eines sphärischen Triangels, die diesem Winkel gegenüber liegende Seite, auf anderem Wege als §. 85. geschah, zu finden. *)

Auflösung. Es mögen im Δ ABC, AB $= c$ und BC $= a$ die gegebenen Seiten, und $\angle B = \beta$ der gegebene Winkel sein; so fälle man von dem Scheitel eines der unbekannten Winkel z. B. von A, auf die gegenüber liegende Seite oder deren Verlängerung, den Perpendikel. Da man die Art des Winkels C nicht kennt (wenn nicht dieselbe aus anderen Umständen zufällig bekannt ist), so ist es noch unentschieden, ob AD oder AE diesen Perpendikel darstellt. Nennt man aber den Punct wo die Seite BD (oder deren Verlängerung) getroffen wird X, so ist BX (d. h. BD oder BE) aus dem rechtwinklichen Δ ABX, sogleich zu finden (weil die beiden Stücke c und β, außer dem

*) Diese und die folgende Aufgabe dieses §'s, sind hier nachzuholen, §. 85 und 86 versprochen.

rechten Winkel bei X, bekannt sind), nemlich (§. 82 Formel 14).

$$\text{tang BX} = \text{tang c} \cos \beta.$$

Nun ist das Stück XC (d. h. DC oder CE) entweder BC — BX oder BX — BC, was man so darstellen kann

$XC = \mp BC \pm BX$, wo die unteren Zeichen für $BX < BC$, die oberen aber für $BX > BC$ gelten; auch kann man dies setzen:

$$XC = \mp a \pm \text{Seite zu tang c} \cos \beta.$$

Nachdem XC bekannt ist, giebt die Gleichung 4 des vorigen §'s (in I. oder II. daselbst), einfach die Größe der Seite AC (= b). — Man hätte aber eben so aus dem rechtwinklichen Δ ABD, noch die Linie AD, und dann aus dem Δ ADC, durch die AD und DC, die AC berechnen können, wo man dann das, was jene Proportion sogleich giebt, gleichsam weitläuftiger noch einmal gemacht hätte.

Zusatz. Als Beispiel in Zahlen, sei gegeben: $BA = 37° 28' 16''$, $BC = 41° 47' 24''$, $\angle\beta = 3° 0' 15''$.

Es ist log tang 37° 28′ 16″ = 9,8845270 } addirt und
log cos 3° 0′ 15″ = 9,9994016 } log sint = 10
log tang B X = 9,8839286 abgezogen

daher $BX = 37° 25' 59''$. Indem sich $BX < BC$ findet, so ist der Perpendikel innerhalb des Triangels, wie AD, gefallen, und der gefundene Werth ist der Bogen BD. Es ist also $DC = BC - BD = 41° 47' 24'' - 37° 25' 29'' = 4° 21' 25''$. Nun ist (Glchg. 4. des vorigen §'s)

$\cos b : \cos c = \cos m : \cos n$, d. h.

$$\cos b = \frac{\cos 37^\circ\ 28'\ 16'' . \cos 4^\circ\ 21'\ 25''}{\cos 37^\circ\ 25'\ 59''}; \text{ also}$$

$\log \cos 37^\circ\ 28'\ 16'' = 9{,}8996345$
$\log \cos \ 4^\circ\ 21'\ 25'' = \underline{9{,}9987399}$
$\qquad\qquad\qquad\qquad 19{,}8983744$
$\log \cos 37^\circ\ 25'\ 59'' = \underline{9{,}8998456}$
$\qquad\qquad\qquad\qquad 9{,}9985288 = \log \cos b,$
dafür findet man $\quad b = 4^\circ\ 42'\ 48''$

2) **Aus einer Seite und den beiden anliegenden Winkeln eines sphärischen Triangels, den dieser Seite gegenüberliegenden Winkel, ohne die in §. 86 genannte Auflösung, zu berechnen.**

Auflösung. Wenn im Δ ABC, die c nebst den Winkeln β und α (= BAC) gegeben sind; so fälle man wieder aus dem Scheitel eines der gegebenen Winkeln, z. B. aus A, auf die gegenüber liegende Seite einen Perpendikel BX (siehe wegen X die vorige Auflösung), und bestimme im rechtwinklichen Δ BAX, den $\angle$ BAX (= BAD oder BAE), indem man (nach §. 82 Formel 15) hat:

$$\cot BAX = \cos c \tang \beta.$$

Dann ist $\angle XAC = \mp BAC \pm BAX$, oder

$$\angle XAC = \mp \alpha \pm \angle \text{ zu } \cos c \tang \beta.$$

Ist der $\angle$ XAC bekannt, so hat man nach der Gleichung 5 des vorigen §'s, den $\angle \gamma$ (oder dessen Nebenwinkel γ'), nemlich:

$$\cos \gamma : \cos \beta = \sin XAC : \sin XAB.$$

Wird $\angle BAX > \alpha$ gefunden, so ist vom Winkel den diese Proportion giebt (nunmehr $\angle$ ACE) wieder der Nebenwinkel zu nehmen, wie schon bemerkt wurde.

Zusatz. Es sei $c = 100^\circ\ 4'$, $\beta = 27^\circ\ 10'$ und $\alpha = 95^\circ\ 10'$.

Nun ist log cos 100° 4′ = 9,9932621 *) } addirt und
log tang 27° 10′ = 9,7102824 } 10 abgezogen
9,7035445 = log cot BAX;

zu diesem log cot, gehört der ∠ 63° 12′ (ohne Rücksicht auf die Secunden), dessen Nebenwinkel 180° — 63° 12′ = 116° 48′ = ∠ BAX ist. Da ∠ BAX > α ist, so ist BAE der Winkel BAX, d. h. AE der gefällte Perpendikel; also ∠ CAE = 116° 48′ — 95° 10′ (= α) = 21° 38′. Nunmehr ist cos γ' =

$$\frac{\cos 27^\circ\ 10'.\ \sin 21^\circ\ 38'}{\sin 116^\circ\ 48'};$$

log cos 27° 10′ = 9,9492349
log sin 21° 38′ = 9,5666324
19,5158673
log sin 116° 48′ = 9,9506500
9,5652173 = log cos γ',

daher γ' = 68° 27′, und der Nebenwinkel, d. h. ∠ γ = ∠ ACB = 180° — 68° 27′ = 111° 33′ (da ∠ β < 90° war und der Perpendikel außerhalb des Triangels fiel, so mußte ∠ γ > 90° werden; §. 55).

§. 89 Aufgaben (Fig. 19).

1) **Auf eine andere Weise als in §. 85, aus zwei Seiten und dem eingeschlossenen Winkel eines sphärischen Triangels, einen der unbekannten Winkel zu finden.**

Auflösung. So bequem die in §. 85 gefundenen Formeln, für die Berechnung der beiden unbekannten Winkel, ist; so kann man doch durch Hülfe der Formel 1 §. 87, auch für nur einen der gesuchten Winkel einen, durch Logarithmen aber mühsam zu berech-

---

*) Der Cosinus 100° 4′ = cos 79° 56′ ist negativ, daher wird, weil tang 27° 10′ positiv ist, cot BAX negativ, also dieser Winkel > 90°.

nenden Ausdruck finden. Sind nemlich die Seiten c, a und der $\angle \beta$ gegeben; so fälle man den Perpendikel AD *), wenn γ der gesuchte Winkel ist. Nun verhält sich nach jener Proportion (Nr. 1. §. 87)

$$\tan\gamma : \tan\beta = \sin n : \sin m, \text{ oder}$$
$$= \sin n : \sin(a - n)$$
$$= \sin n : \cos n \sin a - \sin n \cos a$$
(Formel 3 im Anhang)
$$= 1 : \cot n \sin a - \cos a.$$

Aber nach der Neperschen Regel ist:

$$\cos\beta = \cot c \tan n, \text{ daher } \frac{1}{\tan n} = \cot n = \frac{\cot c}{\cos\beta},$$

$$\text{also } \tan\gamma : \tan\beta = 1 : \frac{\cot c \sin a}{\cos\beta} - \cos a, \text{ und}$$

$$\text{folglich } \tan\gamma = \tan\beta : \left(\frac{\cot c \sin a}{\cos\beta} - \cos a\right)$$
$$= \tan\beta : \frac{\cot c \sin a - \cos a \cos\beta}{\cos\beta},$$

$$\text{oder } \tan\gamma = \frac{\tan\beta \cos\beta}{\cot c \sin a - \cos \alpha \cos\beta}$$
$$= \frac{\sin\beta}{\cot c \sin a - \cos a \cos\beta}.$$

Wäre der Perpendikel außerhalb gefallen, so ist einleuchtend, wie dann nach der Formel 1 Nr. II §. 87, die erste Proportion dieselbe geworden wäre, nur statt γ gesetzt γ', für n die BE und für m die CE; daher wird $\sin m = \sin(BE - a)$, was im Resultate giebt: $\tan\gamma' = \frac{\sin\beta}{\cos a \cos\beta - \sin a \cot c}$, wonach denn $\angle \gamma = 180 - \gamma'$ ist.

Vergleicht man beide Formeln (für $\tan\gamma$ und $\tan\gamma'$), so sieht man, daß sie im Nenner beide dieselbe

*) Fällt dieser außerhalb des Triangels, so zeigt sich in obiger Auflösung, daß dadurch nichts wesendlich sich ändert.

Differenz mit dem entgegengesetzten Zeichen haben, daher auch der Quotient derselbe mit dem entgegengesetzten Zeichen wird, was für γ und γ' auf zwei Werthe deutet, die als Tangenten zu zwei Nebenwinkeln gehören, wie es für die Winkel γ und γ' auch sein muß. Unbekümmert darum, ob der Perpendikel innerhalb oder außerhalb des Triangels fällt, rechne man also nach einer der beiden Formeln, oder auch immer nach der ersten, eben weil beide dasselbe Resultat für $\angle \gamma$ geben. Wird dabei die Differenz im Nenner negativ (wenn $\cos a \cos \beta > \sin a \cot c$ ist); so ist der gesuchte Winkel stumpf, sonst spitz. Bemerkt man noch, daß die 1ste Formel an sich, für die Annahme: der Perpendikel falle, innerhalb, entwickelt wurde, diese Annahme und der gegebene Winkel β aber, die Art des Winkels γ schon entscheiden (§. 55); so kann man bei der Vergleichung des erhaltenen Winkels und der Art des Winkels die nach §. 55 nothwendig ist, sich überzeugen, daß, wenn beide Resultate stimmen, die gebrauchte Formel die richtige war, wenn beide aber nicht stimmen sollten, doch das gefundene Resultat richtig ist, da man dann nur nach der anderen Formel hätte rechnen sollen, die aber dasselbe Resultat für $\angle \gamma$ giebt, und dann die gedachte Vergleichung (nach §. 55) zwei stimmende Resultate gegeben hätte. Dies mag durch ein Beispiel in Zahlen noch ausgeführt werden, das für die logarithmische Rechnung jener, durch Logarithmen nicht bequem zu behandelnden Formel, noch einige Uebung gewährt. — Für die logarithmische Rechnung wird nach §, 77, unsere Formel:

$$\frac{\tang \gamma}{r} = \frac{\frac{\sin \beta}{r}}{\frac{\sin a \ \cot c}{r \cdot r} - \frac{\cos a \ \cos \beta}{r \cdot r}}, \text{ d. h.}$$

$$\tan\ \gamma = \frac{r^2 \cdot \sin \beta}{\sin a\ \cot c\ - \cos a\ \cos \beta}.$$

Es sei $a = 120^\circ\ 10'$, $c = 25^\circ\ 44'$, $\angle\ \beta = 106^\circ$. Der Gebrauch der Formel müßte, da $\angle\ \beta > 90^\circ$ ist, auch auf $\angle\ \gamma > 90^\circ$ führen.

Nun ist $\log \operatorname{tang} \gamma =$

$20 + \log\ \sin \beta - \log\ (\sin a\ \cot c\ - \cos a\ \cos \beta)$.

Den in der Parenthese stehenden Ausdruck berechne man zuerst, und wenn diese Berechnung durch Logarithmen geschehen soll, folgendermaßen:

$\log \sin 120^\circ\ 10' =$ 9,9367988	$\log \cos 120^\circ\ 10' =$ 9,7011508
$\log \cot\ 25^\circ\ 44' =$ 10,3169672	$\log \cos 106^\circ\ =$ 9 4403381
— 20, bleibt 0,2537660	— 20 bleibt 0,1414889 — 1
hierzu die Zahl 1,793767	hierzu die Zahl 0,1385125 oder 0,138513;

Da die beiden Factoren $\cos a\ \cos \beta$ hier negativ sind (beide Werthe a und $\beta > 90^\circ$), so ist das Product wieder positiv; es wird also die in der Parenthese stehende Größe:

$1,793767 - 0,138513$

$= 1,655254 = \cot c\ \sin a\ - \cos a\ \cos \beta$.

Soll nun weiter mit Logarithmen gerechnet werden, so muß man $\log\ 1,655254 = 0,2188647$, um 20 vermehren, da jeder Factor jener Differenz, für die logarithmische Rechnung mit 10000 Millionen multiplicirt wird; daher ist

$\log\ (\sin a\ \cot c\ - \cos a\ \cos \beta) = 20,\ 2188647$.

Nun ist $\log r^2\ \sin \beta = 29,9828416$

davon ab 20,2188647 bleibt

$\log \operatorname{tang} \gamma\ = 9,7739769$

folglich $\gamma = 30^\circ\ 43'\ 17''$. Es sollte nun zwar $\gamma > 90^\circ$

nach dem Gebrauche der Formel für tang γ sein, aber es gilt doch der eben gefundene Werth; denn die Formel für γ', hätte zwar $\gamma' = 180° - 30° \, 43' \, 17''$, aber deshalb γ selbst doch nur $30° \, 43' \, 17''$ gegeben, und die Anwendung dieser 2ten Formel, hätte $\angle \gamma$ ungleichartig mit $\angle \beta$, d. h. $\gamma < 90°$ bedingt.

Auch ohne die Entwickelung zu widerholen, ist deutlich, daß für die unmittelbare Berechnung des Winkels α ($=$ BAC), aus den drei gegebenen Stücken, die Formel wird:

$$\tang \alpha = \frac{r^2 \sin \beta}{\sin c \cot a - \cos c \cos \beta}.$$

2) Auf eine andere Weise als in §. 86, aus einer Seite und den beiden anliegenden Winkeln eines sphärischen Triangels, eine der beiden unbekannten Seiten zu berechnen.

Auflösung. Ganz analog wie in der vorigen Auflösung, wird auch hier verfahren. Ist c die gegebene Seite, β und α die bekannten Winkel, und soll b die zu suchende Seite sein; so fälle man den Perpendikel AD (der innerhalb des Triangels fallen mag), und es ist dann nach Formel 3 §. 87

$$\begin{aligned} \tang b : \tang c &= \cos \delta : \cos \lambda, \text{ oder} \\ &= \cos \delta : \cos (\alpha - \delta) \\ &= \cos \delta : \cos \delta \cos \alpha + \sin \delta \sin \alpha \end{aligned}$$

(Formel 4 in Anhang)

$$\begin{aligned} &= 1 : \cos \alpha + \tang \delta \sin \alpha \\ &= 1 : \cos \alpha + \frac{\cot \beta \sin \alpha}{\cos c} \text{ *)} \\ &= 1 : \frac{\cos \alpha \cos c + \cot \beta \cdot \sin \alpha}{\cos c}, \text{ also} \end{aligned}$$

*) Nach der Neperschen Regel ist im $\triangle$BAD, $\cos c = \cot \beta \cot \delta$, also $\frac{1}{\cot \delta} = \tang \delta = \frac{\cot \beta}{\cos c}$.

$$\tang b = \frac{\tang c \cos c}{\cos \alpha \cos c + \cot \beta \sin \alpha}$$
$$= \frac{\sin c}{\cos \alpha \cos c + \cot \beta \sin \alpha}.$$

Wäre der Perpendikel außerhalb des Triangels gefallen, so hätte in der ganzen Auflösung sich nichts geändert; denn: kömmt statt $\cos(\alpha - \delta)$, dann auch $\cos(\delta - \alpha)$ (nemlich $\cos(BAE - BAC) = \cos CAE$); so sind beide Werthe dieselben, also jede fernere Umwandlung, wird dieselbe wie vorher. Auch zeigt die Figur, daß b dieselbe Linie, und nicht etwa (wie analog in der vorigen Aufgabe) das Supplement der gesuchten Linie ist. Die logarithmische Rechnuug giebt $\tang b = \frac{r^2 \cdot \sin c}{\cos \alpha \cos c + \cot \beta \sin \alpha}$.

Ein Zahlenbeispiel ist hier überflüssig, da die Behandlung der Formel, ganz analog wie im vorigen Beispiele ist.

Die Formel für die Seite a, ist

$\tang a = \frac{r^2 \sin c}{\cos \beta \cos c + \cot \alpha \sin \beta}$, wie ohne neue Erläuterung deutlich ist.

§. 90. Anmerkung.

Wollte man für die in §. 83 und 84 gegebenen Stücke, die übrigen auch nach denen in §. 87 entwickelten Proportionen finden; so kann dies geschehen, man kömmt aber auf dieselben Gleichungen, welche man aus den Klassen II. und III. (§. 73 und 74) erhält, und welche den neuen Entwickelungen in §. 83 und 84 zum Grunde lagen. Es kann aber auch dieser Weg selbst, als kein neuer angesehen werden, denn die Gleichungen §. 73 und 74, dienten zur Bildung der Neperschen Regel, welche Regel zur Bildung der Proportionen des §. 87 diente, daher es leicht ist, das, woraus sie entwickelt wurden, wieder aus ihnen zu entwickeln. Man würde dabei so schließen:

In Figur 19 seien die 3 Seiten gegeben, so fällt man den Perpendikel AD *), und es verhält sich nach Formel 4 §. 87;

$$\begin{aligned} \cos c : \cos b &= \cos n : \cos m \\ &= \cos n : \cos (a - n) \\ &= \cos n : \cos a \cos n + \sin a \sin n \\ &= 1 : \cos a + \sin a \operatorname{tang} n \\ &= 1 : \cos a + \sin a \operatorname{tang} c \cos \beta, \text{ **)} \end{aligned}$$

daher $\cos b = \cos c \cos a + \sin a \sin c \cos \beta$ (indem $\cos c \operatorname{tang} c = \sin c$ ist); folglich

$\cos \beta = \frac{\cos b - \cos c \cos a}{\sin a \sin c}$; ganz wie diese Gleichung früher gefunden wurde. (Vergl. §. 73 u. §. 83).

Eben so fände man die Relation zwischen den drei Winkeln und einer Seite, indem nach §. 87 Formel 5 ist:

$$\begin{aligned} \cos \beta : \cos \gamma &= \sin \delta : \sin \lambda \\ &= \sin \delta : \sin (\alpha - \delta) \\ &= \sin \delta : \cos \delta \sin \alpha - \sin \delta \cos \alpha \\ &= 1 : \cot \delta \sin \alpha - \cos \alpha \\ &= 1 : \cos c \operatorname{tang} \beta \sin \alpha - \cos \alpha, \end{aligned}$$

also $\cos \gamma = \cos c \sin \beta \sin \alpha - \cos \beta \cos \alpha$ und

$$\cos c = \frac{\cos \gamma + \cos \beta \cos \alpha}{\sin \beta \sin \alpha}.$$

Diese Entwickelungen sind also keinesweges als neu anzusehen.

---

*) Fällt dieser außerhalb des Triangels, so ist die fernere Entwickelnng ganz analog der oben folgenden.

**) Die Umwandlung von tang a in tang c cos β, ist aus den vorigen Sätzen zur Genüge bekannt.

§. 91. Aufgabe.

Aus einer Seite, einem anliegenden und dem ihr gegenüber liegenden Winkel, die übrigen Stücke eines sphärischen Triangels zu berechnen.

Auflösung. Unter der Voraussetzung: daß bei diesen Stücken, zumal wenn sie willkührlich gegeben sind, der Triangel möglich ist (werden sie aus einem Triangel genommen, so ist derselbe gewiß möglich), lehrt §. 62 in Nr. I, die Bedingungen, unter welchen der Triangel bestimmt oder unbestimmt ist. Hat man dies entschieden, so ist nichts leichter als die Seite zu finden, welche dem einen gegebenen Winkel gegenüber liegt, indem unmittelbar die Proportion des Lehrsatzes §. 73 Zusatz 2, den Ausdruck dafür giebt.

So hat man also, wenn z. B. a, β und α die gegebenen Stücke sind, nach jener Proportion:

$$\sin\alpha : \sin\beta = \sin a : \sin b,$$

$$\sin b = \frac{\sin a \ \sin\beta}{\sin\alpha}.$$

Auch diese Formel läßt, da sie auf einen Sinus führt, die Art der Seite unbestimmt. Hat man vorher nicht untersucht, ob der Triangel möglich ist, so erhält man für den Fall der Unmöglichkeit, einen Sinus der > 1, oder einen log sin der > 10 ist; die Untersuchungen in §. 56 und §. 62, lehren dies hinlänglich. Ist nun die zuerst gesuchte Seite b gefunden, so sind die beiden übrigen Stücke völlig bestimmt (§. 61) und lassen sich so finden: nach §. 85 Zusatz 1 ist:

$$\text{tang}\ \tfrac{1}{2}(\beta + \alpha) = \cot \tfrac{1}{2}\gamma \cdot \frac{\cos\frac{1}{2}(b-a)}{\cos\frac{1}{2}(b+a)} \text{ und}$$

$$\text{tang}\ \tfrac{1}{2}(\beta - \alpha) = \cot \tfrac{1}{2}\gamma \cdot \frac{\sin\frac{1}{2}(b-a)}{\sin\frac{1}{2}(b+a)}; \text{ daher}$$

$$\cot \tfrac{1}{2}\gamma = \operatorname{tang} \tfrac{1}{2}(\beta + \alpha) \cdot \frac{\cos \frac{1}{2}(b + a)}{\cos \frac{1}{2}(b - a)}$$ oder

$$\cot \tfrac{1}{2}\gamma = \operatorname{tang} \tfrac{1}{2}(\beta - \alpha) \cdot \frac{\sin \frac{1}{2}(b + a)}{\sin \frac{1}{2}(b - a)}$$ *). Auch

kann man (da $\frac{1}{\cot} = \operatorname{tang}$ ist) setzen:

$$\operatorname{tang} \tfrac{1}{2}\gamma = \cot \tfrac{1}{2}(\beta + \alpha) \cdot \frac{\cos \frac{1}{2}(b - a)}{\cos \frac{1}{2}(b + a)},$$ so wie

$$\operatorname{tang} \tfrac{1}{2}\gamma = \cot \tfrac{1}{2}(\beta - \alpha) \cdot \frac{\sin \frac{1}{2}(b - a)}{\sin \frac{1}{2}(b + a)}.$$

Nachdem also $\frac{1}{2}\gamma$ und somit γ, nach einer von diesen vier Formeln berechnet ist, kann man die dritte Seite c, entweder nach dem Satze §. 73. Zusatz 2, oder auch unabhängig hiervon aus den vier Stücken a, b, α und β berechnen. Denn nach §. 86. Zusatz 1 ist:

$$\operatorname{tang} \tfrac{1}{2}(a + b) = \operatorname{tang} \tfrac{1}{2} c \cdot \frac{\cos \frac{1}{2}(\alpha - \beta)}{\cos \frac{1}{2}(\alpha + \beta)}$$ und

$$\operatorname{tang} \tfrac{1}{2}(a - b) = \operatorname{tang} \tfrac{1}{2} c \cdot \frac{\sin \frac{1}{2}(\alpha - \beta)}{\sin \frac{1}{2}(\alpha + \beta)};$$ also wieder

$$\operatorname{tang} \tfrac{1}{2} c = \operatorname{tang} \tfrac{1}{2}(a + b) \cdot \frac{\cos \frac{1}{2}(\alpha + \beta)}{\cos \frac{1}{2}(\alpha - \beta)}$$

$$= \operatorname{tang} \tfrac{1}{2}(a - b) \cdot \frac{\sin \frac{1}{2}(\alpha + \beta)}{\sin \frac{1}{2}(\alpha - \beta)};$$ oder

$$\cot \tfrac{1}{2} c = \cot \tfrac{1}{2}(\alpha + \beta) \cdot \frac{\cos \frac{1}{2}(\alpha - \beta)}{\cos \frac{1}{2}(\alpha + \beta)}$$

$$= \cot \tfrac{1}{2}(a - b) \cdot \frac{\sin \frac{1}{2}(\alpha - \beta)}{\sin \frac{1}{2}(\alpha + \beta)}.$$

Wäre c vor γ berechnet, so ist wol kaum noch zu erwähnen nöthig, daß γ dann auch nach §. 73. Zusatz 2 berechnet werden könnte.

Nachdem die, dem einen gegebenen Winkel gegenüber liegende Seite gefunden ist, können die beiden an-

*) Wie in §. 85 bemerkt, wird man, wenn $\alpha > \beta$ (also auch $a > b$) ist, sowol $(\alpha - \beta)$ als auch $(a - b)$ setzen.

deren Stücke auch durch Hülfe der Sätze §. 87, folgendergestalt gefunden werden. Sind c, β und γ die zuerst gegebenen Stücke (Fig. 19.), daher $\sin b = \frac{\sin c \sin \beta}{\sin \gamma}$ berechnet; *) so fälle man den Perpendikel AD. **) Dann ist zuerst zufolge der, nach der Neperschen Regel gebildeten Gleichung: $\tang n = \cos \beta \tang c$, und nach §. 87. Formel 1, $\sin m = \frac{\sin n \tang \beta}{\tang \gamma}$, daher $BC = a = + n + m$, wenn der Perpendikel **innerhalb** des Triangels fällt, fällt er **außerhalb** (wie AE), so ist $BC = n - CE$, dann aber auch $\sin m = \frac{\sin BE \tang \beta}{\tang \gamma}$ ($= \sin CE$). Eben so ist $\angle \alpha = \angle \delta + \angle \lambda$ (für den **innerhalb** fallenden Perpendikel) nachdem δ und λ einzeln berechnet sind, nemlich $\cot \delta = \frac{\cos c}{\cot \beta} = \cos c \tang \beta$, und (nach Formel 5 §. 87.) $\sin \lambda = \frac{\cos \gamma \sin \delta}{\cos \beta}$; oder (wenn der Perpendikel **außerhalb** des Triangels fällt) $\alpha = BAE - CAE$, wo $\sin CAE = \frac{\sin BAE \cos \gamma}{\cos \beta}$ ist. Nunmehr kann die b, da **fünf** Stücke bekannt sind, nach jeder der früheren Methoden berechnet werden.

Zusatz 1. Um ein Beispiel in Zahlen durchzuführen, sei gegeben $b = 104^\circ 20'$, $\gamma = 124^\circ 30'$ und $\beta = 100^\circ 16'$. Zuerst ist $\sin c = \frac{\sin b \sin \gamma}{\sin \beta}$;

*) Will man diese Seite nicht weiter haben, so ist sie für die Aufsuchung der beiden anderen Stücke, auch nicht weiter nöthig.

**) Da die Winkel an der BC bekannt sind, ergiebt sich sogleich nach §. 55, wie der Perpendikel fällt.

$\log \sin 104^\circ\ 20' = 9,9862663$
$\log \sin 124^\circ\ 30' = \underline{9,9159937}$
$ 19,9022600$
$\log \sin 100^\circ\ 16' = \underline{9,9929902}$
$ 9,9092698 = \sin 54^\circ\ 14'$ (die Secunden außer Acht gelassen).

Nach §. 62, I. Zusatz, dritter Fall, ist die gesuchte Seite $> 90^\circ$, daher $180^\circ - 54^\circ\ 14' = 125^\circ\ 46' = c$ (Zu bemerken ist, daß, wenn $\log \beta$ entweder = oder $< 9,9022600$, *) d. h. β entweder = oder $< 52^\circ\ 59'$; oder = oder $> 180^\circ - 52^\circ\ 59'$, nemlich = oder $> 127^\circ\ 1'$ gegeben wäre, der Triangel entweder ein Quadrantentriangel oder unmöglich ist; denn dann wäre der Rest nach der Subtraction des $\log \sin \beta$, 10 oder > 10 geworden, wozu im ersteren Falle $c = 90^\circ$, im anderen Fall aber keine Seite gehört. Wäre aber z. B. $\beta = 126^\circ$ gegeben (also $< 127^\circ\ 1'$), so würde der Triangel unbestimmt sein, weil dann $\beta > \gamma$ wäre, was bei den gegebenen Größen für γ und b, zwei Triangel zuläßt, wie die Untersuchungen §. 62. I. Nr. 7. hinlänglich lehren. Hierauf hat man im vorkommenden Falle, wol Rücksicht zu nehmen).

Um die noch fehlenden Stücke a und α zu finden, bediene man sich nun der Formeln:

$$\tan \tfrac{1}{2} a = \tan \tfrac{1}{2} (b + c) \cdot \frac{\cos \frac{1}{2} (\gamma + \beta)}{\cos \frac{1}{2} (\gamma - \beta)} \text{ und}$$

$$\tan \tfrac{1}{2} \alpha = \cot \tfrac{1}{2} (\gamma + \beta) \cdot \frac{\cos \frac{1}{2} (c - b)}{\cos \frac{1}{2} (c + b)}.$$

Es ist	
$b = 104^\circ\ 20'$	$\gamma = 124^\circ\ 30'$
$c = 125^\circ\ 46'$	$\beta = 100^\circ\ 16'$
$b + c = 230^\circ\ 6'$	$\gamma + \beta = 224^\circ\ 46'$
$\frac{1}{2}(b + c) = 115^\circ\ 3'$	$\frac{1}{2}(\gamma + \beta) = 112^\circ\ 23'$
$c - b = 21^\circ\ 26'$	$\gamma - \beta = 24^\circ\ 14'$
$\frac{1}{2}(c - b) = 10^\circ\ 43'$	$\frac{1}{2}(\gamma - \beta) = 12^\circ\ 7'$

*) Dies ist nemlich die Summe von $\log \sin b + \log \sin \gamma - 10$.

Die tang $\frac{1}{2}$ (b + c) = tang 115° 3′ = − tang 64° 57′ ist **negativ**, eben so ist cos $\frac{1}{2}$ $(\gamma + \beta)$ = cos 112° 23′ = − cos 67° 37′ **negativ**, und auch cot $\frac{1}{2}$ $(\gamma + \beta)$ = cot 112° 23′ = − tang 22° 23′, so wie cos $\frac{1}{2}$ (c + b) = cos 115° 3′ = − cos 64° 57′ sind **negativ**, was bei beiden Formeln **positive Resultate** giebt, wie es für $\frac{1}{2}$ a und $\frac{1}{2}$ α auch sein muß. Nun ist:

log tang 64° 57′ = 10,3303387	log cot 112° 23′ = 9,6147180
log cos 67° 37′ = 9,5806986	log cos 10° 43′ = 9,9923585
19,9110373	19,6070765
log cos 12° 7′ = 9,9902155	log cos 64° 57′ = 9,6267601
log tang $\frac{1}{2}$ a = 9,9208218	log tang $\frac{1}{2}$ α = 9,9803164
daher	daher
$\frac{1}{2}$ a = 39° 48′ u. a = 79° 36′	$\frac{1}{2}$ α = 43° 42′ u. α = 87° 24′.

Die Winkel und Seiten des Triangels sind daher:

α = 87° 24′, β = 100° 16′ und γ = 124° 30′;

a = 79° 36′, b = 104° 20′ und c = 125° 46′.

Um auch nach der anderen Methode die beiden Stücke a und α zu finden, hat man bei der Annahme derselben Werthe, da der Perpendikel (für γ und $\beta > 90°$) **innerhalb** des Triangels fällt;

$$\text{tang m} = \cos\gamma \ \text{tang b}; \text{ also:}$$

log cos γ = log cos 124° 30′ = log cos 55° 30′ = 9,7531280
log tang b = log tang 104° 20′ = log tang 75° 40′ = 10,5925811
(von der Summe ab + 10 bleibt) 10,3457091
= log tang m,

und folglich m = 65° 43′. *) Ferner:

$$\sin n = \frac{\sin m \ \text{tang}\,\gamma}{\text{tang}\,\beta};$$

---

*) Beide Factoren (cos γ tang b) sind **negativ**, also tang m **positiv**, d. h. m < 90°.

$\log \sin m = \log \sin 65^\circ\ 43' = 9{,}9597676$

$\log \tan \gamma = \log \tan 124^\circ\ 12' = \underline{10{,}1628657}$

$20{,}1226333$

$\log \tan \beta = \log \tan 100^\circ\ 16' = \underline{10{,}7420099}$

$9{,}3806234 = \log \sin n,$

also $n = 13^\circ\ 54'$; *) mithin $BC = a = m + n = 65^\circ\ 43' + 13^\circ\ 54' = 79^\circ\ 37'$, wie vorher gefunden, indem die Abweichung von 1′, bei der Rechnung mit Weglassung der Secunden, leicht kommen kann, dann aber auch eigentlich $n = 13^\circ\ 53'$ ist, wenn man immer den nächst kleineren Logarithmus als wahren nimmt, hier aber der nächst größere dem wahren näher war, daher zweckmäßiger zu wählen ist. — Endlich noch α zu berechnen, ist:

$\cot \lambda = \cos b \tan \gamma;$

$\cos b = \cos 104^\circ\ 20' = 9{,}3936852$

$\tan \gamma = \tan 124^\circ\ 30' = \underline{10{,}1628657}$

(von der Summe ab $+10$ bleibt) $9{,}5565509 = \log \cot \lambda$,

daher $\lambda = 70^\circ\ 12'$ ($\lambda < 90^\circ$, da das Product, der zwei negativen Factoren wegen, positiv ist). Nun ist $\sin \delta = \frac{\cos \beta \sin \lambda}{\cos \gamma}$; also

$\log \cos \beta = \log \cos 100^\circ\ 16' = 9{,}2509803$

$\log \sin \lambda = \log \sin 70^\circ\ 12' = \underline{9{,}9735346}$

$19{,}2245149$

$\log \cos \gamma = \log \cos 124^\circ\ 30' = \underline{9{,}7531280}$

$9{,}4713869 = \log \sin \delta,$

also,

---

*) Als Bedingung für die Bestimmtheit dieser Aufgabe, war nöthig zu wissen, daß $\beta < \gamma$, also ist auch $b < c$, und $c > 90^\circ$; folglich da $\tan n = \cos \beta \tan c$, so hat für β und $c > 90^\circ$ (wenn man auch c selbst nicht kennt), $\tan n$ und $\tan m$ gleiche Vorzeichen, also ist n und m gleichartig; da sich nun $m < 90^\circ$ fand, ist auch $n < 90^\circ$, was der $\sin n$ noch keineswegs entscheidet.

also $\delta = 17^\circ\ 13'$, mithin $\angle BAC = \alpha = \lambda + \delta = 70^\circ\ 12' + 17^\circ\ 13' = 87^\circ\ 25'$, fast wie vorher, wo $87^\circ\ 24'$ das Resultat war.

Zusatz. 2. Will man die Formeln dieses §'s zusammen stellen, so sind sie
wenn gegeben ist c, β und γ:

$\sin b = \frac{\sin c \ \sin \beta}{\sin \gamma}$ (§. 62, I. Zusatz entscheidet über die Art von b) dann ist

$$\tang \tfrac{1}{2} a = \tang \tfrac{1}{2} (b + c) \cdot \frac{\cos \frac{1}{2} (\beta + \gamma)}{\cos \frac{1}{2} (\beta - \gamma)}$$

$$= \tang \tfrac{1}{2} (b - c) \cdot \frac{\sin \frac{1}{2} (\beta + \gamma)}{\sin \frac{1}{2} (\beta - \gamma)}, \text{ oder}$$

$$\cot \tfrac{1}{2} a = \cot \tfrac{1}{2} (b + c) \cdot \frac{\cos \frac{1}{2} (\beta - \gamma)}{\cos \frac{1}{2} (\beta + \gamma)}$$

$$= \cot \tfrac{1}{2} (b - c) \cdot \frac{\sin \frac{1}{2} (\beta - \gamma)}{\sin \frac{1}{2} (\beta + \gamma)}. \text{ Ferner}$$

$$\tang \tfrac{1}{2} \alpha = \cot \tfrac{1}{2} (\beta + \gamma) \cdot \frac{\cos \frac{1}{2} (b - c)}{\cos \frac{1}{2} (b + c)}$$

$$= \cot \tfrac{1}{2} (\beta - \gamma) \cdot \frac{\sin \frac{1}{2} (b - c)}{\sin \frac{1}{2} (b + c)}, \text{ oder}$$

$$\cot \tfrac{1}{2} \alpha = \tang \tfrac{1}{2} (\beta + \gamma) \cdot \frac{\cos \frac{1}{2} (b + c)}{\cos \frac{1}{2} (b - c)}$$

$$= \tang \tfrac{1}{2} (\beta - \gamma) \cdot \frac{\sin \frac{1}{2} (b + c)}{\sin \frac{1}{2} (b - c)}.$$

Braucht b nicht erst berechnet zu werden, so ist $\tang n = \cos \beta \tang c$, und dann $\sin m = \frac{\sin n \ \tang \beta}{\tang \gamma}$, wonach $a = n + m$ ist, wenn β und γ gleichartig sind, oder $a = n - m$, wenn β und γ ungleichartig sind. Dann ist endlich $\cot \delta = \cos c \tang \beta$, und hier-

det. — Aehnlich ist die Beurtheilung nachher für $\angle \delta$, nachdem $\angle \lambda$ berechnet ist.

nach $\sin\lambda = \frac{\cos\gamma \sin\delta}{\cos\beta}$, also $\alpha = \delta \mp \lambda$ den Umständen nach.

Solcher Zusammenstellungen erhält man noch fünf, wenn nemlich gegeben sein sollte b, β und γ, wo dann $\sin c = \frac{\sin b \sin\gamma}{\sin\beta}$, die Formeln für $\tang \frac{1}{2}$ a oder $\cot\frac{1}{2}$ a, so wie für $\tang\frac{1}{2}\alpha$ und $\cot\frac{1}{2}\alpha$ dieselben wie vorher bleiben, die Formeln für $\tang m$, $\sin n$, $\cot\lambda$ und $\sin\delta$ aber, diese werden: $\tang m = \cos\gamma \tang b$, $\sin n = \frac{\sin m \tang\gamma}{\tang\beta}$, $\cot\lambda = \cos b \tang\gamma$ und $\sin\delta = \frac{\cos\beta\sin\lambda}{\cos\gamma}$. Dann kann man noch geben: die Winkel α und β nebst der Seite a, oder nebst der b, was wieder so viele Formeln wie vorher giebt, und endlich wenn gegeben ist: α und γ nebst a, oder nebst der c, wofür man noch einmal die analogen Formeln erhält.

§. 92. Aufgabe.

Aus zwei Seiten und dem, der einen von ihnen gegenüber liegenden Winkel, die anderen Stücke des sphärischen Triangels zu berechnen.

Auflösung. Da das Verfahren bei dieser Auflösung, analog dem in der vorigen Aufgabe ist; so braucht hier nur eine Andeutung der Auflösung gegeben zu werden. Es sei bekannt c, b und $\angle\beta$. Nach §. 62. II. untersucht man ob $\angle\gamma >$ oder $< 90^\circ$, oder ob die Aufgabe bei diesen Stücken etwa unbestimmt ist. Sollte die Aufgabe gar unmöglich sein, so giebt dies entweder der Erfolg beim Rechnen (wie in §. 91. erwähnt) oder die Untersuchung nach §. 56. und §. 62.— Zuerst hat man nun:

$$\sin\gamma = \frac{\sin\beta\ \sin c}{\sin b}.$$

Weil ferner nach §. 85. Zusatz 1:

$\tang \frac{1}{2}(\beta+\gamma) = \cot \frac{1}{2}\alpha \cdot \frac{\cos\frac{1}{2}(b-c)}{\cos\frac{1}{2}(b+c)}$, so wie

$\tang \frac{1}{2}(\beta-\gamma) = \cot \frac{1}{2}\alpha \cdot \frac{\sin\frac{1}{2}(b-c)}{\sin\frac{1}{2}(b+c)}$, und auch nach

§. 86. Zusatz 1:

$\tang \frac{1}{2}(b+c) = \tang \frac{1}{2} a \cdot \frac{\cos\frac{1}{2}(\beta-\gamma)}{\cos\frac{1}{2}(\beta+\gamma)}$, so wie

$\tang \frac{1}{2}(b-c) = \tang \frac{1}{2} a \cdot \frac{\sin\frac{1}{2}(\beta-\gamma)}{\sin\frac{1}{2}(\beta+\gamma)}$; so ist

$$\cot \tfrac{1}{2}\alpha = \tang \tfrac{1}{2}(\beta+\gamma) \cdot \frac{\cos\frac{1}{2}(b+c)}{\cos\frac{1}{2}(b-c)}$$

$= \tang \frac{1}{2}(\beta-\gamma) \cdot \frac{\sin\frac{1}{2}(b+c)}{\sin\frac{1}{2}(b-c)}$, oder

$$\tang \tfrac{1}{2}\alpha = \cot \tfrac{1}{2}(\beta+\gamma) \cdot \frac{\cos\frac{1}{2}(b-c)}{\cos\frac{1}{2}(b+c)}$$

$= \cot \frac{1}{2}(\beta-\gamma) \cdot \frac{\sin\frac{1}{2}(b-c)}{\sin\frac{1}{2}(b+c)}$; und:

$$\cot \tfrac{1}{2} a = \cot \tfrac{1}{2}(b+c) \cdot \frac{\cos\frac{1}{2}(\beta-\gamma)}{\cos\frac{1}{2}(\beta+\gamma)}$$

$= \cot \frac{1}{2}(b-c) \cdot \frac{\sin\frac{1}{2}(\beta-\gamma)}{\sin\frac{1}{2}(\beta+\gamma)}$, oder

$$\tang \tfrac{1}{2} a = \tang \tfrac{1}{2}(b+c) \cdot \frac{\cos\frac{1}{2}(\beta+\gamma)}{\cos\frac{1}{2}(\beta-\gamma)}$$

$$= \tang \tfrac{1}{2}(b-c) \cdot \frac{\sin\frac{1}{2}(\beta+\gamma)}{\sin\frac{1}{2}(\beta-\gamma)}.$$

Will man die beiden Stücke a und α, ohne Hülfe des Winkels γ berechnen; so fälle man wieder den Perpendikel AD, dessen Lage innerhalb oder außerhalb des Triangels, sich aus den gegebenen Stücken nach §. 62. II. ergiebt, sobald die Aufgabe bestimmt ist; ist sie unbestimmt, so muß auch gesagt werden: welcher der beiden möglichen Triangel, gemeint ist. Zur

Berechnung der Seite BC = a, hat man im rechtwinklichen Δ ABD, $\cos\beta = \cot c \tan g\, n$, also $\tan g\, n = \cos\beta \tan g\, c$, daher denn im rechtwinklichen Δ ADC, nach §. 87. Formel 4, $\cos m = \frac{\cos n \cos b}{\cos c}$, also $a = n + m$ wird; oder es ist $a = n - m$, wenn der Perpendikel außerhalb des Triangels fällt, wobei jedoch cos m wie vorher berechnet wird, während n = BE und m = CE ist. — Endlich findet man ∠ α, indem im rechtwinklichen Δ ABD, $\cos c = \cot\beta \cot\delta$, also $\cot\delta = \cos c \tan g\,\beta$ ist, und dann nach §. 87. Formel 3, wird $\cos\lambda = \frac{\cos\delta \tan g\, c}{\tan g\, b}$, also $\alpha = \delta \mp \lambda$, jenachdem der Perpendikel fällt. Für beide Fälle wird jedoch λ nach demselben Ausdruck berechnet.

Zusatz 1. Als Beispiel für die Zahlenberechnung, die im Wesendlichen ganz analog der Rechnung im vorigen §. ist, mag hier noch schließlich die Berechnung eines Aftertriangels (§. 36, 4) folgen. Seine Winkelspitzen mögen (weil sie dieselben sind) wie die des zugehörenden eigentlichen Triangels, A, B und C, seine Winkel entsprechend α', β' und γ', wie sie durch die Winkel α, β und γ des eigentlichen Triangels bestimmt werden (§. 36, 5) heißen. Zwei seiner Seiten, sind dieselben Seiten wie zwei Seiten des eigentlichen Triangels, und dies mögen die Seiten b und c sein, die dritte Seite heiße a′, welche sich nemlich mit der Seite a des eigentlichen Triangels zu 360° ergänzt (§. 36, 5), wonach auch die Winkel α und α′, sich zu 360° ergänzen. Sollte eine Versinnlichung bei der Auflösung nöthig sein, so kann in Figur 6, der Aftertriangel $\underline{A}\underline{B}HFK\underline{C}$ den gemeinten, also Δ ABC seinen zugehörenden eigentlichen Triangel bedeuten. Nun sei gegeben:

$$a' = 300^\circ,\ c = 140^\circ,\ \gamma' = 80^\circ.$$

Man suche zuerst die drei Stücke des eigentlichen Triangels, welche den drei gegebenen des Aftertriangels entsprechen, so sind sie:

$$a = 60^\circ,\quad c = 140^\circ,\ \gamma = 100^\circ.$$

Berechnet man nun den eigentlichen Triangel nach den zuerst entwickelten Formeln, so ist dadurch auch der Aftertriangel ganz bestimmt. Vergleicht man aber die gegebenen Stücke mit den 8 Fällen §. 62 II. Zusatz, so entspricht der 8te Fall den gegebenen Größen *), und der Triangel ist unbestimmt, wenn nicht vielleicht von den zwei Werthen, welche $\angle\,\alpha$ durch die Formel

$$\sin\alpha = \frac{\sin\gamma\ \ \sin a}{\sin c}$$

erhält, durch die besonderen für diesen Fall gewählten Werthe, einer unbrauchbar wird, denn wenn der kleinere beider Werthe mit $\gamma = 100^\circ$ zusammen, nicht auch über, sondern unter 180° giebt, so ist dieser kleinere Werth schon nach §. 60, 1 unbrauchbar, und nur der größere anwendbar. Um dies zu entscheiden, berechne man $\angle\,\alpha$; also:

$$\begin{array}{lr}
\log\sin\gamma = \log\sin 100^\circ = & 9{,}9933515 \\
\log\sin a = \log\sin\ \ 60^\circ = & \underline{9{,}9375306} \\
 & 19{,}9308821 \\
\log\sin c = \log\sin 140^\circ = & \underline{9{,}8080675} \\
 & 10{,}1228146 = \log\sin\alpha;
\end{array}$$

da $\log\sin\alpha > 10$ sich ergiebt, so ist sogleich einleuchtend, daß der Triangel bei den gegebenen Stücken unmöglich ist. — Soll die Aufgabe, ihrer Eigenthümlichkeit wegen, durch ein Beispiel dennoch durchgeführt werden; so nehme man nunmehr die Stücke dergestalt an:

---

*) $a < 90^\circ$, $\gamma > 90^\circ$ und $a + c = 200^\circ > 180^\circ$.

$a' = 310°$, $c = 140°$, $\gamma' = 50°$; dann wird
$a = 50°$, $c = 140°$, $\gamma = 130°$.

Der Fall bleibt wieder unbestimmt (aus demselben Grunde wie vorher) und die Urtheile sind dieselbe wie vorher. Nunmehr ist.

$$\begin{array}{rl} \log \sin 130° = & 9{,}8842540 \\ \log \sin 50 = & 9{,}8842540 \\ \hline & 19{,}7685080 \\ \log \sin 140° = & 9{,}8080675 \\ \hline & 9{,}9604405 = \log \sin \alpha, \end{array}$$

wofür $\alpha = 65° 54'$ (auf die Secunden nicht geachtet) oder $180° - 65° 54' = 114° 6'$ sich ergiebt. Nun ist $130° + 65° 54' > 180°$, also der Fall wirklich zweideutig, und daher zu bestimmen: welcher Werth für α genommen werden soll, d. h. welcher der beiden Triangel gemeint ist. Es mag nun bestimmt werden: daß beide Triangel zu entwickeln sind, nnd zwar jeder der beiden Triangel, nach einer der beiden dafür angegebenen Methoden,

Zuerst den Triangel, in welchem $\angle\, \alpha = 65° 54'$ ist, nach der 1sten Methode berechnet. Man wähle die Formeln:

$$\tan \tfrac{1}{2} b = \tan \tfrac{1}{2} (a + c) \cdot \frac{\cos \frac{1}{2} (\gamma + \alpha)}{\cos \frac{1}{2} (\gamma - \alpha)}, \text{ und}$$

$$\tan \tfrac{1}{2} \beta = \cot \tfrac{1}{2} (\gamma + \alpha) \cdot \frac{\cos \frac{1}{2} (c - a)}{\cos \frac{1}{2} (c + a)}.$$

Es ist $\frac{1}{2} (a + c) = \frac{1}{2} (50° + 140°) = 95°$,
$\frac{1}{2} (\gamma + \alpha) = \frac{1}{2} (130° + 65° 54') = 95° 57'$,
$\frac{1}{2} (\gamma - \alpha) = \frac{1}{2} (130° - 65° 54') = 32° 3'$,
$\frac{1}{2} (c - a) = \frac{1}{2} (140° - 50°) = 45°$.

$\log \text{tang}\, 95^\circ = 11{,}0580482$	$\log \cot 95^\circ\, 57' = 9{,}0179594$
$\log \cos 95^\circ\, 57' = 9{,}0156135$	$\log \cos 45^\circ = 9{,}8494850$
$20{,}0736617$	$18{,}8674444$
$\log \cos 32^\circ\, 3' = 9{,}9281835$	$\log \cos 95^\circ = 8{,}9402960$
$10{,}1454782$	$9{,}9271484$
$= \log \text{tang}\, \frac{1}{2} b$, daher *)	$= \log \text{tang}\, \frac{1}{2} \beta$, daher
$\frac{1}{2} b = 54^\circ 25'$ u. $b = 108^\circ 50'$	$\frac{1}{2}\beta, = 40^\circ 13'$ und $\beta = 80^\circ 26'$.

Der eine Triangel hat hiernach die Stücke:
$b = 108^\circ 50'$, $c = 140^\circ$, $a = 50^\circ$, $\beta = 80^\circ 26'$, $\gamma = 130^\circ$, $\alpha = 65^\circ 54'$;
daher hat der erste Aftertriangel die Stücke:
$b = 108^\circ 50'$, $c = 140^\circ$, $a' = 310^\circ$, $\beta' = 99^\circ 34'$, $\gamma' = 50^\circ$, $\alpha' = 294^\circ 6'$.

Um den zweiten eigentlichen Triangel zu berechnen, bedarf man zum Finden der Stücke b und β, nicht des Winkels α, der, wie schon bekannt, $114^\circ 6'$ ist. Da der Winkel α hierbei stumpf sein soll, so fällt der Perpendikel von B auf AC gefällt, innerhalb des Triangels (§. 55; denn $\gamma > 90^\circ$). Nennt man nun das an C liegende Stück n, das andere m, die Winkel in welche der Perpendikel den $\angle \beta$ theilt, nach derselben Ordnung δ uud λ; so ist nach den gefundenen Formeln: $\text{tang}\, n = \cos \gamma\, \text{tang}\, a$, und danach $\cos m = \frac{\cos n \cos c}{\cos a}$, und $\cot \delta = \cos a\, \text{tang}\, \gamma$, wonach $\cos \gamma = \frac{\cos \delta\, \text{tang}\, a}{\text{tang}\, c}$ wird. Die Rechnung giebt (für $a = 50^\circ$, $c = 140^\circ$ und $\gamma = 130^\circ$)

---

*) Daß beide Werthe, nemlich $\text{tang}\, \frac{1}{2} b$ so wie $\text{tang}\, \frac{1}{2} \beta$, positiv sind, ist leicht einzusehen.

$\log\cos 130^\circ = 9{,}8080675$	$\log\cos 50^\circ = 9{,}8080675$
$\log\tan 50^\circ = 10{,}0761865$	$\log\tan 130^\circ = 10{,}0761865$
davon 10, bleibt $9{,}8842540$	davon 10, bleibt $9{,}8842540$ *)
$= \log\tan n$	$= \log\cot \delta$
$= \log\tan 37^\circ\, 27'$	$= \log\cot 52^\circ\, 33'$.

Da in jedem der Producte (für tang n und cot δ) ein negativer Factor ist, so wird das Resultat negativ; daher $n = 180^\circ - 37^\circ\, 27' = 142^\circ\, 33'$, und $\delta = 180^\circ - 52^\circ\, 33' = 127^\circ\, 27'$. Ferner:

$\log\cos 142^\circ 33' = 9{,}8997572$	$\log\cos 137^\circ 27' = 9{,}7839528$
$\log\cos 140^\circ = 9{,}8842540$	$\log\tan 50^\circ = 10{,}0761865$
$19{,}7840112$	$19{,}8601393$
$\log\cos 50^\circ = 9{,}8080675$	$\log\tan 140^\circ = 9{,}9238135$
$9{,}9759437$	$9{,}9363258$
$= \log\cos m = \log\cos 18^\circ\, 54'$	$= \log\cos\lambda = \log\cos 30^\circ\, 17'$;

beide Resultate sind, der zwei negativen Factoren wegen, positiv, also bleiben die gefundenen Werthe ungeändert; daher ist $b = n + m = 142^\circ\, 33' + 18^\circ\, 54' = 161^\circ\, 27'$, und $\beta = \delta + \lambda = 127^\circ\, 27' + 30^\circ\, 17' = 157^\circ\, 44'$.

Also sind die Stücke des zweiten eigentlichen Triangels (indem $\alpha = 114^\circ\, 6'$ schon bekannt, oder nun wieder leicht zu berechnen ist): $b = 161^\circ\, 27'$, $c = 140^\circ$, $a = 50^\circ$, $\beta = 157^\circ\, 44'$, $\gamma = 130^\circ$, $\alpha = 114^\circ, 6'$; daher die Stücke des zweiten Aftertriangels sind:

$b = 161^\circ\, 27'$, $c = 140^\circ$, $a' = 310^\circ$, $\beta' = 22^\circ\, 16'$ $\gamma' = 50^\circ$, $\alpha' = 245^\circ\, 54'$.

Hiermit ist das Gesuchte vollständig gefunden.

Zusatz 2. Eine Zusammenstellung der hier überhaupt vorkommenden Formeln, ist um so weniger noth=

---

*) Diese Summe ist zufällig gleich der nebenstehenden, weil die Werthe 130° und 50° Supplemente sind.

wendig, da im Zusatz 2 zum vorigen §. gezeigt ist, wie auch bei gegenwärtigem, jenem ganz analogen Falle, sechs Klassen von Formeln aufgezählt werden könnten, die sich aus denen, im §. hinlänglich entwikkelten Formeln, sehr einfach für jeden Fall darstellen lassen.

§. 93. Anmerkung.

Hiermit ist die Auflösung und Berechnung der sphärischen Triangel, sofern sie durch drei Stücke bestimmt werden, völlig geendigt. Was die Umwandelungen einzelner Formeln betrifft, so sind dieselben oft höchst mannigfaltig, aber bei Kenntniß der allgemeinen goniometrischen Formeln, immer leicht zu finden. — Was durch die höhere Mathematik in der sphärischen Trigonometrie geleistet werden kann, gehört nicht in die, diesem Buche gesteckten Grenzen. — Eine Wiederholung der sämmtlich vorgetragenen Formeln, ist in keiner Art hier zum Schlusse nöthig, und findet man dieselben mit hinlänglicher Ausführlichkeit, in den entsprechenden Paragraphen. Um aber einen Rückblick auf die verschiedenen Entwickelungen zu thun, und das Auffinden gesuchter Formeln in vorkommenden Fällen zu erleichtern; mag folgende kurze Wiederholung oder Eintheilung hier folgen (Vergl. §. 76, 2).

Die vier Klassen von Gleichungen §. 73, 74 und 76, enthalten schon die Auflösung aller sphärischen Triangel, nur in Formeln, welche für die logarithmische Rechnung (mit Ausnahme der in der 1sten Klasse enthaltenen Formeln) nicht bequem sind. Will man sich aber dieser Formeln bedienen, so hat man:

1) Aus den drei Seiten die Winkel, in den Formeln der Klasse II. §. 73 Zusatz 1. (d. h. die in dieser Klasse stehenden Gleichungen, geben durch ganz

einfache Auflösungen, ohne alle Substitutionen, wechselseitig die Winkel).

2) Aus den drei Winkeln die Seiten, in den Formeln der Klasse III. §. 74.

3) Aus drei Stücken, wobei zwei Seiten und ein Winkel, oder eine Seite und zwei Winkel vorkommen, und zwei dieser drei Stücke einander gegegenüber liegen, erhält man das dem dritten Stücke gegenüber liegende Stück, nach den Formeln der Klasse I. §. 73. Zusatz 1. Die Art des gesuchten Stücks, ergiebt sich nach §. 62. der sphärischen Geometrie. Durch Hülfe der Formeln der Klasse V. §. 76, kann man dann jedes der beiden übrigen Stücke, unabhängig vom anderen berechnen, doch sind dann schon mehr Umwandelungen mit diesen Formeln vorzunehmen, was auf gleiche Weise geschehen muß, wenn man aus jenen Anfangs gegebenen drei Stücken, das vierte mit ihnen in einer Folge liegende Stück, berechnen will. Jedes der beiden übrigen Stücke, kann man sodann (wenn man nicht die Formeln der I. Klasse anwenden will), auf leichte Weise aus drei anderen, mit ihm in einer Folge liegenden Stücken, unmittelbar aus den Formeln der Klasse V. finden.

4) Aus zwei Seiten und dem eingeschlossenen Winkel, oder aus einer Seite und den beiden anliegenden Winkeln, findet man jedes der beiden, an den zwei gegebenen Stücken noch liegende Stück, ganz einfach aus den Formeln der Klasse V. §. 76. Das letzte Stück ergiebt sich dann einfach aus der Klasse I, die Art dieses Stücks aber, ist aus den bekannten geometrischen Sätzen zu bestimmen. Sind jene zwei Stücke zuerst berechnet, so kann

man das letzte Stück, jenachdem es eine Seite oder ein Winkel ist, nach den Formeln der Klasse III. oder II. bestimmen. Auch läßt sich dies letzte Stück, nach den Formeln der Klasse V. selbst leicht finden, oder endlich kann man nach der Klasse I. die zwei letzten Stücke finden, wenn man nur das eine jener beiden zuerst berechneten Stücke, gefunden hat.

Durch die Annahme eines der Winkel als recht, folgten die Formeln welche die Nepersche Regel enthielten (§. 79), wodurch die Auflösung der rechtwinklichen, und später die der Quadrantentriangel (§. 81) unter eine einfache Form gestellt wurde. Dies zeigt die Tafel §. 82 im Zusammenhange.

Für die logarithmische Rechnung bequemer, waren die Auflösungen, welche von §. 83 bis 92 gelehrt wurden. Sie zerfallen gleichsam in zwei Theile; die Formeln §. 83 bis 86, enthalten die, durch die vier Lehrsätze (§. 45, 46, 49 und 51) bedingten Bestimmungen eines sphärischen Triangels. Der Satz §. 88, lehrte einen anderen Weg, für die Auffindung der dritten Stücke der Paragraphe 85 und 86, welche beide Paragraphe auf die Formeln der Klassen II. und III. zurückweisen, wenn man sogleich aus den gegebenen Stücken, diese dritten Stücke berechnen will. Der §. 89 lehrte, auf andere Weise die Forderung der Sätze §. 85 und 86 erfüllen, wenn man nemlich nur eins der beiden unbekannten Stücke verlangt, ohne das andere zugleich mit suchen zu wollen. In §. 87 wurden die Mittel zu diesen neuen Entwickelungen, durch Hülfe eines von einer Winkelspitze auf die gegenüber liegende Seite gefällten Perpendikels, aufgesucht. In §. 90 wurde gelehrt, daß dieses Mittel, für neue Entwicklungen der Aufgaben §. 83 und 84 nicht anwendbar sei. In §. 91 und 92 wurde gelehrt, die Triangel aus drei Stücken, von denen zwei Stücke einander gegenüber liegen, zu berechnen, wenn der Triangel überhaupt möglich, und dann bestimmt oder unbestimmt ist. Für das, dem einen gegebenen Stücke gegenüber liegende unbekannte Stück, wurde auf die Formeln der Klasse I. verwiesen, für die beiden anderen Stücke aber die, durch die Nepersche Regel und durch §. 87 bekannten Mittel, angewendet. — Man kann nunmehr die von §. 83 bis 92 gelehrten, für die logarithmischen Rechnungen leichteren Auflösungen, nach den gegebenen Stücken des Triangels, so zusammenstellen:

I. Aus den drei Seiten findet man die drei Winkel nach §. 83.

II. Aus den drei Winkeln werden die drei Seiten berechnet nach §. 84.

III. Aus zwei Seiten und dem eingeschlossenen Winkel, findet man: a) die beiden unbekannten Winkel zugleich, nach §. 85, und hierauf die dritte Seite, nach dem Satze §. 73 Zusatz 2; oder b) die dritte Seite sogleich aus den gegebenen Stücken (also ohne erst die Winkel zu berechnen), nach §. 88, 1, worauf man dann wieder jeden der beiden unbekannten Winkel, nach §. 73 Zusatz 2. berechnen kann. Auch wurde in Zusatz 5 zu §. 85, eine Formel für die dritte Seite entwickelt, welche, obwol in der Behandlung etwas weitläuftiger, doch oft von Vortheil sein kann. *)

IV. Aus einer Seite und den beiden anliegenden Win-

---

*) Die Entwickelung nur eines der beiden unbekannten Winkel nach §. 89, 1, bleibt hier (so wie nachher in IV. die Anwendung von §. 89, 2) unerwähnt, da sie für die logarithmische Rechnung nicht bequem ist.

keln, findet man: a) die beiden anderen Seiten zugleich, nach §. 86, und hiernach den dritten Winkel nach §. 73. Zusatz. 2.; oder b) den dritten Winkel findet man aus den gegebenen Stücken unmittelbar, nach §. 88, 2, und kann dann nach §. 73. Zusatz 2 wiederum jede der beiden Seiten berechnen. In §. 86 Zusatz 2, wurde auch noch eine Formel für den dritten Winkel entwickelt, welche man oft mit Vortheil anwenden kann.

V. Aus einer Seite und zwei Winkeln, von denen zwei Stücke einander gegenüber liegen, findet man die dem anderen Winkel gegenüber liegende Seite, sogleich nach §. 73, Zusatz 2, und hierauf entweder jedes der beiden noch übrigen unbekannten Stücke, oder diese beide Stücke, auch unabhängig von jener Seite, sogleich aus den drei gegebenen Stücken, nach den Entwickelungen des §,s 91.

VI. Ist ein Winkel und zwei Seiten, von denen eine dem Winkel gegenüber liegt gegeben; so findet man den der anderen Seite gegenüber liegenden Winkel nach §. 73 Zusatz 2. Dann sind die beiden übrigen Stücke durch Hülfe dieses Winkels, oder auch unabhängig von ihm, sogleich aus den drei gegebenen Stücken selbst, nach den Entwickelungen des §'s 92 zu finden.

Da nach §. 61, ein Triangel durch vier Stücke, von denen je zwei und zwei einander gegenüberliegen, auch bestimmt wird, wenn er auch unter gewissen Bedingungen überhaupt erst möglich ist; so lehren die in §. 91 und § 92 entwickelten Formeln, jedes der beiden übrigen Stücke aus jenen vier Stücken zu entwickeln.

Drittes Kapitel.

Ueber einige Anwendungen der sphärischen Trigonometrie, auf verschiedene rein mathematische Fälle.

§. 94 Anmerkung.

Von den mancherlei Anwendungen der sphärischen Trigonometrie, sowol in der reinen als in der angewandten Mathematik, Beispiele zu geben, würde der Gegenstand eines eigenen Buches sein können; es mögen daher nur einige der Hauptanwendungen in ihren Grundzügen sein, die hier, und zwar nur für die rein mathematischen Beziehungen, folgen sollen, damit der Anfänger eine Ansicht von der vielseitigen Anwendung und dem Nutzen erhält, den die wichtigen Lehren der sphärischen Trigonometrie, theils auf sphärische Figuren theils auf die Körper, ausüben. — Außer den Beispielen, die man für diese Anwendungen in mathematischen Büchern zerstreut findet, ist vor allen dem Anfänger der 2te Theil der trefflichen Sammlung geometrischer Aufgaben von Meier Hirsch zu empfehlen, der ausgeführte Beispiele in Menge für die im Folgenden kurz angedeuteten Anwendungen, enthält.

§. 95. Aufgabe. (Fig. 20).

Die Relationen zwischen den Seiten und Winkeln eines sphärischen Triangels, und seines Sehnentriangels zu bestimmen.

Auflösung. Nennt man die Seiten und Winkel des Sehnentriangels (§. 36, 12), wie sie den Seiten und Winkeln des sphärischen Triangels entsprechen, a', b', c', α', β', und γ'; so ist deutlich:

I. Da die Seiten a' b' und c', die Sehnen der

Seiten a, b und c sind, so ist nach den trigonometrischen Elementen unmittelbar klar, daß:
$\frac{1}{2} a' = \sin \frac{1}{2} a$, $\frac{1}{2} b' = \sin \frac{1}{2} b$ und $\frac{1}{2} c' = \sin \frac{1}{2} c$, folglich $a' = 2 \sin \frac{1}{2} a$, $b' = 2 \sin \frac{1}{2} b$ und $c' = 2 \sin \frac{1}{2} c$ ist. Nach Formel 9 des Anhangs, ist aber allgemein $\sin \frac{1}{2} \mu^2 = \frac{1}{2} (1 - \cos \mu)$, also $\cos \mu = 1 - 2 \sin \frac{1}{2} \mu^2$, daher nach den eben entwickelten Formeln:
$\cos a = 1 - 2 (\sin \frac{1}{2} a)^2 = 1 - 2 (\frac{1}{2} a')^2 = 1 - 2 . \frac{1}{4} a'^2 = 1 - \frac{1}{2} a'^2$, und eben so $\cos b = 1 - \frac{1}{2} b'^2$, so wie $\cos c = 1 - \frac{1}{2} c'^2$; und nach diesen Formeln ist wieder: $\frac{1}{2} a'^2 = 1 - \cos a$, $\frac{1}{2} b'^2 = 1 - \cos b$ und $\frac{1}{2} c'^2 = 1 - \cos c$. Dies sind die Relationen zwischen den Seiten beider Triangel.

II. Aus der ebenen Trigonometrie ist bekannt, daß $\cos \alpha' = \frac{b'^2 + c'^2 - a'^2}{2 b' c'}$. Setzt man für b′, c′, und a′ die Werthe aus Nr. 1, so wird

$$\cos \alpha' = \frac{4 \sin \frac{1}{2} b^2 + 4 \sin \frac{1}{2} c^2 - 4 \sin \frac{1}{2} a^2}{2 . 2 \sin \frac{1}{2} b . 2 \sin \frac{1}{2} c}$$

$$= \frac{\sin \frac{1}{2} b^2 + \sin \frac{1}{2} c^2 - \sin \frac{1}{2} a^2}{2 \sin \frac{1}{2} b \sin \frac{1}{2} c}.$$ Auf gleiche Weise erhält man.

$$\cos \beta' = \frac{\sin. \frac{1}{2} a^2 + \sin \frac{1}{2} c^2 - \sin \frac{1}{2} b^2}{2 \sin \frac{1}{2} a \sin \frac{1}{2} c}$$ und

$$\cos \gamma' = \frac{\sin \frac{1}{2} a^2 + \sin \frac{1}{2} b^2 - \sin \frac{1}{2} c^2}{2 \sin \frac{1}{2} a \sin \frac{1}{2} b}.$$ Hiernach sind also die Winkel des Sehnentriangels, aus den Seiten des sphärischen Triangels zu bestimmen.

III. Sollen die Winkel des sphärischen Triangel, aus den Seiten des Sehnentriangels bestimmt werden, so hat man nach den Formeln der Klasse II. (§. 73) durch (schon oft vorgekommene einfache) Umwandlung

$$\cos \alpha = \frac{\cos a - \cos b \cos c}{\sin b \sin c};$$ die Werthe aus

Nr. I. substituirt, giebt: *)

$$\cos\alpha = \frac{1 - \frac{1}{2}a'^2 - (1 - \frac{1}{2}b'^2)(1 - \frac{1}{2}c'^2)}{\sqrt{(1-(1-\frac{1}{2}b'^2)^2)}\sqrt{(1-(1-\frac{1}{2}c'^2)^2)}}$$

$$= \frac{1 - \frac{1}{2}a'^2 - 1 + \frac{1}{2}b'^2 + \frac{1}{2}c'^2 - \frac{1}{4}b'^2c'^2}{\sqrt{(1-1+b'^2-\frac{1}{4}b'^4)}\sqrt{(1-1+c'^2-\frac{1}{4}c'^4)}},$$

die Hebungen der + 1 und — 1 im Zähler und Nenner vorgenommen, und beide Glieder des Bruchs mit 4 multiplicirt, giebt:

$$\cos\alpha = \frac{2b'^2 + 2c'^2 - 2a'^2 - b'^2c'^2}{4b'\sqrt{(1-\frac{1}{4}b'^2)}c'\sqrt{(1-\frac{1}{4}c'^2)}}$$

$$= \frac{2b'^2 + 2c'^2 - 2a'^2 - b'^2c'^2}{b'c'\sqrt{(4-b'^2)}\sqrt{(4-c'^2)}},$$ indem

nemlich der Factor $4 = 2 \cdot 2 = \sqrt{4}\sqrt{4}$ gesetzt, und jeder dieser Factoren unter eines der Wurzelzeichen gesetzt wird. Auf gleiche Weise findet man:

$$\cos\beta = \frac{2a'^2 + 2c'^2 - 2b'^2 - a'^2c'^2}{a'c'\sqrt{(4-a'^2)}\sqrt{(4-c'^2)}}$$ und

$$\cos\gamma = \frac{2a'^2 + 2b'^2 - 2c'^2 - a'^2b'^2}{a'b'\sqrt{(4-a'^2)}\sqrt{(4-b'^2)}}.$$

Ohne weiter die übrigen Relationen hier zu entwickeln, ist schon deutlich, wie aus den gefundenen Formeln, alle gegenseitigen Herleitungen der Stücke beider Triangel durch einander, geschehen können. Denn: sollten z. B. aus den drei Winkeln des sphärischen Triangels, die drei Winkel des Sehnentriangels hergeleitet werden; so suche man nach §. 84 aus den Winkeln die Seiten, und nach den Formeln Nr. II. aus diesen Seiten des sphärischen Triangels, die Winkel des Sehnentriangels; u. dgl. m. — Auch aus denen Stücken welche überhaupt jeden der Triangel bestimmen, kann man nach den bekann-

*) In den Nenner für sin b gesetzt $\sqrt{(1 - \cos b^2)}$, eben so $\sin c = \sqrt{(1 - \cos c^2)}$, nnd dann für cos b und cos c die Werthe aus Nr. I.

kannten Sätzen die übrigen Stücke, welche nach den eben genannten drei Klassen von Formeln die Triangel gegenseitig bestimmen, erst suchen, und dann nach dem eben Gesagten, den Uebergang von einem dieser Triangel zum anderen, leicht machen. — Abgekürzte Formeln für alle diese Bedingungen zu suchen, gewährt eine gute Uebung im hiehergehörenden Calcul. — Zu bemerken ist wol, daß auch schon die Winkel des Sehnentriangels, da sie das Verhältniß der Seiten desselben bestimmen, den sphärischen Triangel bestimmen, wie denn die, in Nr. I. angeführten Relationen dieselben bleiben, wenn auch nicht die absolute Größe der Seiten des (ebenen) Sehnentriangels gegeben ist. Ist diese übrigens bekannt, so kann auch die absolute Größe der Kugel selbst, mithin auch die Länge der Seiten des sphärischen Triangels, so wie aus dieser jene berechnet werden. Die sphärischen Polygone haben eben so, gleichsam ihre bestimmten Sehnenpolygone, deren Winkelspitzen jedoch nicht in einer Ebene zu liegen brauchen, und man kann die Relationen beider gegen einander finden, wenn die sphärischen Polygone bestimmt sind; sie aufzusuchen, gewährt manche Uebung.

§. 96. Aufgabe.

Die sphärischen Polygone zu berechnen.

Auflösung. Was eine Polygonometrie sphärischer Polygone sagen will, kann nicht undeutlich sein; daß solche aber im höheren Maaße schwierig ist, wie die Polygonometrie ebener Polygone, ist einleuchtend, indem die bekannten Stücke, theils auf analoge Weise (mit den nothwendigen Abweichungen) wie die Stücke welche ebene Polygone bestimmen, combinirt werden müssen, um die Bestimmung der unbekannten Stücke und deren Berechnung daraus herzuleiten, theils die Neigungen der verschiedenen, durch drei Winkelpuncte zu legenden Ebenen, zu berücksichtigen sind. So lange diese Aufgabe in völliger Allgemeinheit, d. h. für jede mögliche Bedingung, noch ungelöset ist, wird man bei der sphärischen Polygonometrie, wiederum einfach durch Hülfe der (sphärischen) Diagonalen, analog wie bei den ebenen Polygonen, das Polygon zerlegen, die Bestimmtheit der einzelnen Triangel untersuchen, und durch deren Berechnung, zur Kenntniß der unbekannten Stücke des Polygons gelangen. — Ein Beispiel ist leicht selbst zu finden; z. B. versuche der Anfänger: aus drei Seiten und den zwei von ihnen eingeschlossenen Winkeln eines sphärischen Vierseits, die anderen drei Stücke zu bestimmen.

Zusatz. Die Berechnung der regulären sphärischen Polygone ist leichter, und bietet interessante Bemerkungen dar, die nicht ganz übergangen werden können (Fig. 21). Es sei n die Menge der Seiten. Nennt nennt man P den Pol des, durch die sämmtlichen Winkelpuncte des Polygons zu legenden Kugelkreises, *) und legt durch P und die Scheitel sämmtlicher Winkel Normalkreisbogen, so entstehen n identische (hier auch congruente) Triangel (§. 19 und §. 49), welche die Fläche des n Seits erfüllen. Die 4 rechte Winkel um P, werden dann in n gleiche Theile getheilt, und man nenne einen dieser Winkel kurz μ, so daß $\mu = \frac{4\,R}{n}$ ist; jeder jener n gelegten Bogen heiße blos b, und jeder der halben Polygonwinkel (die durch jene Bogen sämmtlich halbirt werden) heiße $\frac{1}{2}\,\lambda$. Nennt man die Seiie des Polygons, s, und stellt sich die Mitte

---

*) Daß dieser Kreis sich immer legen läßt, ist ohne Erläuterung deutlich; der Anfänger mag zur Uebung den geometrischen Beweis dafür, selbst suchen.

derselben mit dem Puncte P verbunden vor; so steht dieser Bogen senkrecht auf der Seite (§. 50, 2). Alles dies zeigt Fig. 21, wenn ANMB einen Theil eines regulären Polygons bedeutet. — Nunmehr verhält sich im Δ NPM (§. 73 Zusatz 2):

$$\sin PN : \sin NM = \sin PMN : \sin NPM, \text{ d. h.}$$

$$\sin b : \sin s = \sin \tfrac{1}{2} \lambda : \sin \mu, \text{ also ist}$$

$\sin b = \dfrac{\sin s \ \sin \frac{1}{2} \lambda}{\sin \mu}$. Im rechtwinklichen Δ PNG ist aber (§. 82 Formel 13): $\sin NG = \sin PN \sin \frac{1}{2} NPG$, d. h. $\sin \dfrac{s}{2} = \sin b \ \sin \frac{1}{2} \mu$, oder $\sin b = \dfrac{\sin \frac{s}{2}}{\sin \frac{1}{2} \mu}$; beide Werthe für $\sin b$ einander gleich gesetzt, giebt $\dfrac{\sin s \ \sin \frac{1}{2} \lambda}{\sin \mu} = \dfrac{\sin \frac{1}{2} s}{\sin \frac{1}{2} \mu}$. Da nun (Formel 5 im Anhange) $\sin s = 2 \sin \frac{1}{2} s \cos \frac{1}{2} s$, und eben so $\sin \mu = 2 \sin \frac{1}{2} \mu \cos \frac{1}{2} \mu$ ist; so hat man:

$\dfrac{2 \sin \frac{1}{2} s \ \cos \frac{1}{2} s \ \sin \frac{1}{2} \lambda}{2 \sin \frac{1}{2} \mu \ \cos \frac{1}{2} \mu} = \dfrac{\sin \frac{1}{2} s}{\sin \frac{1}{2} \mu}$; durch Hebung erhält man $\cos \frac{1}{2} s \ \sin \frac{1}{2} \lambda = \cos \frac{1}{2} \mu = \cos \dfrac{180^\circ}{n}$; mithin ist $\cos \frac{1}{2} s = \dfrac{\cos \frac{180^\circ}{n}}{\sin \frac{1}{2} \lambda}$, und $\sin \frac{1}{2} \lambda = \dfrac{\cos \frac{180^\circ}{n}}{\cos \frac{1}{2} s}$, zwei Gleichungen, welche die Relationen zwischen der Seite und dem Winkel eines regulären sphärischen n Seits, geben. Ist die Seite s bekannt, so giebt die Gleichung $\sin b = \dfrac{\sin \frac{1}{2} s}{\sin \frac{1}{2} \mu} = \dfrac{\sin \frac{1}{2} s}{\sin \frac{180^\circ}{n}}$, die Größe des Bogens b; ist aber der $\angle \lambda$ gegeben, *) so berechne man im rechtwinklichen Δ PGN, aus den Winkeln: $\frac{1}{2}\lambda$, 90^0 und $\frac{180^0}{n}$, erst die Seite NG $\left(\cos\frac{1}{2}s = \frac{\cos\frac{1}{2}\mu}{\sin\frac{1}{2}\lambda}\right)$, und dann den Bogen b.

§. 97. Aufgabe.

Den Flächeninhalt sphärischer Figuren zu berechnen.

Auflösung. Da nach §. 65, durch die Winkel die Fläche des sphärischen Triangels, nach §. 68 aber, durch die Winkel der Inhalt des sphärischen Polygons bestimmt ist; so braucht man nur aus den Stücken welche, wenn es die Winkel nicht schon selbst sind, die Figur bestimmen, die Winkel zu berechnen, und kennt dann auch den Flächeninhalt selbst. Man kann auch abgekürzte Formeln entwickeln, durch welche man bei den Triangeln aus denen Stücken die sie bestimmen, sogleich findet, wie viel die Winkelsumme des Triangels größer 180^0, und mithin wie groß des Triangels Inhalt ist; doch würden diese Entwickelungen hier über die Grundzüge hinaus, in das Gebieth bloßer Uebungaufgaben führen. (Man findet §. 66 und 72 des, in §. 94 genannten Werks, diese Entwickelungen).

Zusatz 1. Für das reguläre Polygon ist zu merken, daß, da sein Inhalt I, wenn F die Kugelfläche bedeutet, gleich $\frac{S-(n-2)\,2R}{8R}\cdot F$ ist (§. 68), für S gesetzt werden kann $n\lambda$ **), also $I = \frac{n\lambda-(n-2)\,2R}{8R}\cdot F$

---

*) Bei den sphärischen regulären Polygonen, wird der Winkel nemlich nicht schon durch die Menge der Seiten bestimmt.

**) Die Bezeichnungen bleiben hier wie in §. 96 Zusatz.

$= \frac{4R - n(2R - \lambda)}{8R} \cdot F$ wird. Nennt man λ' den Nebenwinkel von λ, so ist $2R - \lambda = \lambda'$, also $I = \frac{4R - n\lambda'}{8R} \cdot F$.

Zusatz 2. Bei einem sphärischen Quadranten, ist $n = 4$; nun sei $s = 1^\circ$; so giebt $\sin \frac{1}{2}\lambda =$

$\frac{\cos \frac{180}{4}}{\cos \frac{1}{2} \cdot 1^\circ}$ (§. 96 Zusatz) $= \frac{\cos 45^\circ}{\cos 30'}$, was ausgerechnet $\frac{1}{2}\lambda = 45^\circ\, 0'\, 8''$ (die Dezimalsecunden weggelassen) giebt, daher $\lambda = 90^\circ\, 16''$ wird. Hiernach ist $\lambda' = 180^\circ - \lambda = 89^\circ\, 59'\, 44''$, folglich

$$I = \frac{360^\circ - 4 \cdot 89^\circ\, 59'\, 44''}{720^\circ} \cdot F$$

$$= \frac{360^\circ - 359^\circ\, 58'\, 56''}{720^\circ} \cdot F = \frac{64''}{720^\circ} \cdot F =$$

$$\frac{64''}{720 \cdot 60 \cdot 60''} \cdot F = \frac{64}{720 \cdot 3600} \cdot F = \frac{1}{40500} \cdot F,$$ d. h. ein solches Quadrat (das man einen Quadratgrad nennen kann), ist etwa der 40500ste Theil der Kugelfläche.

Zusatz 3. Soll ein reguläres Polygon, ein rationaler Theil der Kugelfläche sein, z. B. der mte Theil; so muß sein (Zusatz 1)

$\frac{4R - n\lambda'}{8R} \cdot F = \frac{1}{m} F$, oder $\frac{4R - n\lambda'}{8R} = \frac{1}{m}$, woraus $\lambda' = \frac{(4m - 8)R}{mn}$, daher $\lambda = 180^\circ - \frac{(4m - 8)R}{mn}$, folgt; oder auch $\frac{n\lambda - (n-2)\,2R}{8R} \cdot F = \frac{1}{m} \cdot F$, was sogleich $\lambda = \frac{8R}{mn} + \frac{n-2}{n} \cdot 2R$ giebt, welche beide

Werthe für λ dasselbe geben. Die Seite solches Polygons, findet man durch $\cos \frac{1}{2} s = \frac{\cos \frac{180^0}{n}}{\sin \frac{1}{2} \lambda}$ (§. 96 Zusatz).

Zusatz 4. Wollte man z. B. die Größe einer sphärischen Quadratseite finden, welche einem Quadrate gehöret, das die Kugel genau mißt, oder gleichsam ein Netz für die Kugel giebt; so ist $n = 4$, also $\lambda = \frac{8R}{4m} + \frac{4-2}{4} \cdot 2R = \frac{2R}{m} + R$. Solcher Winkel wie λ, müssen aber um jeden Punct auf der Kugelfläche, wo die verschiedenen Quadrate zusammentreffen, eine bestimmte überall gleiche Menge liegen, und den Raum um jeden dieser Puncte, d. h. 4R ganz erfüllen. Nennt man nun x die Menge derselben, so muß sein $x\left(\frac{2R}{m} + R\right) = 4R$ d. h. $x\left(\frac{2}{m} + 1\right) = 4$, also $m = \frac{2x}{4-x}$. Da nun m eine ganze Zahl sein soll, hat man eine ganze Zahl x so zu wählen, daß $\frac{2x}{4-x}$ auch eine ganze Zahl wird; für $x = 1$ wird $m = \frac{2}{3}$, also unbrauchbar; für $x = 2$, ist $m = \frac{4}{2} = 2$, und man würde erhalten, daß zwei solcher Quadrate um jeden Punct liegen, was $\lambda = \frac{2R}{2} + R = 2R$ gäbe, wobei also das Quadrat der Normalkreis, den man sich gleichsam in seine vier Quadranten getheilt denken müßte, werden würde; für $x = 3$, wird $m = \frac{6}{1} = 6$, für $x > 3$ würde m, zuerst bei $x = 4$, unendlich groß, und bei $x > 4$ negativ werden, was also keine Realität hat. Also $m = 6$, giebt $\lambda' =$

$\frac{2R}{6} + R = \frac{1}{3} \cdot 90^\circ + 90^\circ = 120^\circ$. Das Quadrat dessen Winkel 120° beträgt, erfüllt also eigentlich nur allein die Forderung der Aufgabe, und seine Seite wird dann $\cos \frac{1}{2} s = \frac{\cos \frac{180}{4}}{\sin \frac{1}{2} \cdot 120} = \frac{\cos 45^\circ}{\sin 60^\circ}$, wonach $\frac{1}{2} s = 35^\circ\ 15'\ 52''$, oder $s = 70^\circ\ 31'\ 44''$ wird. Der Bogen b (§. 96, Zusatz) wird dann, weil $\sin b = \frac{\sin \frac{1}{2} s}{\sin \frac{180^\circ}{n}} = \frac{\sin 35^\circ\ 15'\ 52''}{\sin 45^\circ}$ ist, $54^\circ\ 44'\ 8'' = b$.

Diese Untersuchungen, hängen übrigens genau mit denen in §. 70 zusammen, wie sich dann auch einfach zeigt, daß der in einer Kugel beschriebene Würfel es ist, dessen 6 Seitenflächen, den eben gefundenen 6 sphärischen Quadraten entsprechen. Man kann nun auch eben so die sphärischen Triangel (deren Menge dann 4, 8 oder 20 sein kann) und die Fünfseite (deren Menge sich nur als 12 ergiebt) aufsuchen, welche genau die Kugelfläche erfüllen. Bei den Polygonen von mehr als 5 Seiten, wird man überall auf unanwendbare Zahlen (Brüche oder negative Zahlen) für m stoßen. — Bei der im Zusatz 3 angenommenen Zahl m, darf nicht übersehen werden, daß sie beliebig angenommen werden konnte, denn es kam dort weiter gar nicht darauf an, ob die Oberfläche der Kugel sich mit solchen Polygonen auch wirklich anfüllen lasse oder nicht.

§. 98. Aufgabe.

Aus anderen Stücken, als blos Seiten und Winkeln allein, einen sphärischen Triangel zu bestimmen.

Auflösung. Welche Stücke es sind die den sphärischen Triangel, außer denen in der sphärischen Trigonometrie genannten Stücken, bestimmen, läßt sich allgemein gar nicht angeben; entweder nach den Lehren der sphärischen Geometrie, oder nach bekannten trigonometrischen und goniometrischen Formeln, muß entschieden werden, ob die Bestimmtheit des Triangels statt findet oder nicht, ganz wie dies im analogen Falle bei der ebenen Trigonometrie bestimmt wird. Eben so wenig lassen sich allgemeine Regeln, für die Auflösung selbst der bestimmten Fälle angeben, sondern der besondere Fall entscheidet hier allein. — Unter der großen Menge von Beispielen die hier gegeben werden können, mag nur ein Fall angeführt sein.

Im Δ BAC (Fig. 19) ist der $\angle$ BAC $= \alpha$, und die beiden Segmente n und m gegeben, in welche der Perpendikelbogen AD, von A auf die BC gefällt, die BC theilt; man sucht die übrigen Stücke des Triangels.

Auflösung. Wären die beiden Winkel BAD und DAC, in welche $\angle \alpha$ durch AD getheilt wird, bekannt; so hätte man in jedem der beiden entstehenden Triangel, genug Stücke, um die Seiten c und b, so wie $\angle \beta$ und $\angle \gamma$ berechnen zu können. Da man die Summe beider Winkel, BAD + DAC = BAC $= \alpha$ kennt, so braucht man nur nach die Differenz beider Winkel zu wissen. *) Dieselbe sei x, so ist der größere der beiden unbekannten Winkel $\frac{a + x}{2}$, der kleinere $\frac{\alpha - x}{2}$; wie leicht zu sehen, liegt der größere dieser beiden Winkeln, dem größeren der Segmente m und n gegenüber, daher sei n > m gegeben Wie in §. 87 Nr 2, entwickelte man die beiden Werthe für

*) Siehe Seite 144 am Ende bei **).

den Perpendikel AD, aus den beiden Triangeln nach der Neperschen Regel, und setze beide Werthe einander gleich; so erhält man die Gleichung

$$\text{tang } n \cot \tfrac{1}{2} (\alpha + x) = \text{tang } m \cot \tfrac{1}{2} (\alpha - x);$$

hieraus wird $\frac{\text{tang } n}{\text{tang } m} = \frac{\cot \frac{1}{2} (\alpha - x)}{\cot \frac{1}{2} (\alpha + x)} = \frac{\text{tang } \frac{1}{2} (\alpha + x)}{\text{tang } \frac{1}{2} (\alpha - x)}$

Nach Formel 31 (im Anhang) die 2te Seite der Gleichung geändert, giebt

$\frac{\text{tang } n}{\text{tang } m} = \frac{\sin \alpha + \sin x}{\sin \alpha - \sin x}$; daraus wird

$\sin x = \frac{\text{tang } n - \text{tang } m}{\text{tang } n + \text{tang } m} \cdot \sin \alpha$, oder nach Formel 44

$\sin x = \frac{\sin (n - m)}{\sin (n + m)} \cdot \sin \alpha$; wodurch also $\sin x$, mithin x, also $\frac{\alpha + x}{2}$ und $\frac{\alpha - x}{2}$ bekannt sind, der Triangel daher völlig bestimmt ist.

Zusatz. 1. Die aus der eben gefundenen Gleichung zu bildende Proportion:

$\sin x : \sin \alpha = \sin (n - m) : \sin (n + m)$,

giebt einen eigenen schönen, leicht in Worte zu übertragenden Satz.

Zusatz. 2. Alles was mit einer bestimmten Figur zusammen hängt, ist durch sie auch bestimmt; dahin gehören: die Perpendikel die von bestimmten Puncten innerhalb oder außerhalb nach ihren Seiten oder nach, bei ihnen bestimmt gezogenen Bogen, gefällt werden können, dergleichen Bogen selbst, die Flächninhalte der Figuren, bestimmte Winkel u. dgl. m. Wie groß das Gebiet der Uebungaufgabe ist, die man hiernach bilden kann, läßt sich leicht einsehen Besonders ist die Verwandlung und Theilung der sphärischen Figuren, durch den hierher gehörenden Calcul, oft sehr einfach zu bewirken. Jede fernere Uebung hierüber, muß aber an diesem Orte unterbleiben.

§. 99. Aufgabe. (Fig. 22 und 23).

Aus denen Stücken welche eine dreiseitige Pyramide bestimmen, die übrigen Stücke derselben zu berechnen.

Auflösung. Die wechselseitige Herleitung der Stücke einer Pyramide aus einander, kann auf mannigfaltige Weise erfolgen; hier ist es vor Allem wichtig, die Anwendung der sphärischen Trigonometrie bei diesen Berechnungen, kennen zu lernen. Man wähle also die dreiseitige Pyramide GDEF (Fig. 22) und nehme als bekannt an: die Kanten und die ebenen Winkel welche die Ecke F bilden, besonders weil dies Stücke sind, die durch wirkliche Abmessung bei einer Pyramide, gefunden werden können. Will man aus diesen Stücken alle andere bei der Pyramide noch vorkommenden Größen herleiten, so ist bekannt, wie durch die Lehren der ebenen Trigonometrie, aus zwei Seiten und dem eingeschlossenen Winkel, der Flächeninhalt jeder der drei, die Ecke F bildenden Triangel gefunden werden kann, so wie aus jenen drei Stücken, auch die Linien DE, DG und GE, als dritte Seiten in den gedachten Triangeln, oder als die drei übrigen Kanten, der Pyramide, berechnet werden können. Ferner ist bekannt, wie dann wiederum aus diesen drei Seiten, der Triangel GDE zu bestimmen ist, wodurch dann alle Außenflächen der Pyramide, also auch ihre Oberfläche, so wie sämmtliche ebene Winkel auf derselben, gefunden sind. — Nunmehr sind noch die Neigungwinkel je zweier Seitenflächen gegen einander, so wie die verschiedenen Höhen der Pyramide zu suchen, deren jede allein hinreichend ist, nebst der ihr zugehörenden

Grundfläche, nach bekannten stereometrischen Lehren, den Körperinhalt der Pyramide zu berechnen. Hier tritt die Hülfe der sphärischen Trigonometrie ein. Man stelle sich aus der Spitze F, mit einem beliebigen Halbmesser FA, drei Bogen AB, AC, und BC, in den Flächen der drei ebenen Winkel (oder der drei Triangel) bei F, wechselseitig beschrieben vor. Dadurch entsteht ein sphärischer Triangel ABC, dessen Seiten gleich den gegebenen ebenen Winkeln der Ecke F, dessen Winkel aber wechselseitig die Neigungwinkel der drei Triangel bei F, zu zweien gegen einander, sind (§. 36, 11). Nach §. 83, berechne man demnach die Winkel des Triangels. Auf gleiche Weise geschieht, da nach dem Vorhergehenden auch schon die ebenen Winkel jeder der anderen Ecken berechnet sind, die Berechnung der übrigen Flächenwinkel der Außenflächen der Pyramide, wenn nemlich deren Berechnung verlangt werden sollte, wobei zu merken ist, daß bei der zunächst gewählten Ecke nur noch zwei, bei der dann gewählten Ecke nur noch ein Neigungwinkel von Neuem zu suchen ist, die, bei der letzten Ecke befindlichen Neigungwinkel aber, in den berechneten schon enthalten sind. Um die Höhe der Pyramide zu berechnen, wähle man z. B. die Höhe GQ für die Grundfläche DEF. Sie kann auf zwei Arten berechnet werden; entweder: man fällt im Δ GFD, die Höhe GH und verbindet H mit Q, wo dann $\angle$ GHQ, der bereits gefundene Neigungwinkel der Seitenflächen GDF und DFE gegen einander, ist (E); berechnet man also im Δ GFH, aus den bekannten Stücken GF, $\angle$ GFH und $\angle$ GHF (als rechter Winkel bekannt) die GH, so hat man im Δ GHQ, die Stücke GH, $\angle$ GHQ und $\angle$ GQH ($= 90^{o}$), daher alsdann GQ, ganz durch ebene Trigonometrie zu finden ist. Oder: man stellt sich in der, auf der Grundfläche DFE senkrechten Ebene

GQF (E; denn GQ ist senkrecht auf DFE), von B den Bogen BO mit dem Halbmesser FB beschrieben vor, so steht dieser senkrecht auf dem Bogen AC;*) man erhält daher zwei rechtwinkliche sphärische Triangel ABO und CBO. Aus einem von ihnen z. B. aus ABO, entwickelte man BO (da AB und ∠ A bekannt sind, ∠ BOA aber 90° ist), so ist BO = ∠ BFO d. h. = ∠ GFQ, und man hat im rechtwinklichen ebenen △ GFQ aus FG, ∠ GFQ und ∠ GQF; nur die GQ noch zu suchen. — Jede der anderen Höhen, wenn diese verlangt werden sollten, wird auf völlig gleiche Weise berechnet. — Der Inhalt der Pyramide ist dann endlich △ DEF . $\frac{1}{3}$ GQ (S).

Das Gesagte zeigt hinlänglich worauf es ankömmt, wenn die sphärische Trigonometrie auf die Körperlehre angewendet werden soll. Die dreiseitige Pyramide giebt gleichsam den Grundzug dieser Anwendungen an. Kann man die Neigungwinkel zweier Seitenflächen gegen einander, unmittelbar messen, so geben diese wiederum Elemente der Berechnung ab; kurz: es hängt vom besonderen Falle ab, aus welchen Stücken (wozu auch der Inhalt der Pyramide, oder die Inhalte der Seitenflächen gehören) man die übrigen entwickeln soll, wie die Berechnung dann geschieht.

Zusatz. 1. In der gezeigten Entwickelung liegt aber auch der Grundzug, für die Anwendung der sphärischen Trigonometrie auf sämmtliche Polyeder; denn, wenn die Ecke von mehr als drei ebenen Winkeln

---

*) Nach §. 32, ein Perpendikel von B auf die Ebene AFC gefällt, würde nemlich, da er parallel dem Perpendikel GQ gehen müßte, dieselbe senkrechte Ebene GFQ, auf der AFC (oder der DFE) geben.

gebildet wird, so kann man durch Diagonalebenen, sie in dreikantige Ecken zerlegen, und die genannte Entwickelung fortgesetzt anwenden. — In dem, §. 94 genannten Werke, findet man hinlänglich Uebungaufgaben hierfür.

Zusatz. 2. Die Berechnungen bei der regulären Pyramide, sind besonders bemerkenswerth, weil sie auf mehrere Entwickelungen bei den regulären Polyedern führen. Ist NFEGM (Fig. 23) ein Theil der Grundfläche einer regulären Pyramide, wo die Seite s der Grundfläche, ferner die Menge n der Seiten der Grundfläche, und die Kante k der Seitenflächen (die alle congruent sind) bekannt ist; so kann man bloß nach den Lehren der ebenen Trigonometrie, die sämmtlichen Außenflächen, also auch die Oberfläche und selbst die Höhe ZO (indem OH und ZH aus den gegebenen Stücken leicht zu berechnen sind), mithin auch den Inhalt der Pyramide bestimmen, ja selbst der Neigungwinkel ZHO, ist aus dem Triangel Δ ZHO berechenbar. Der Neigungwinkel der Seitenflächen ZEF und ZEG, ist nicht gleich dem $\angle$ ZHO (es müßte denn $k = s$ sein), daher noch zu bestimmen. Wenn diese Bestimmung nun auch durch ebene Trigonometrie möglich wäre, so führt doch die bei der Ecke E vorgenommene Construction des sphärischen Triangels ABC (ganz wie vorher bei Fig. 22), einfacher auf die Bestimmung der Neigungwinkel, da man, nachdem die drei ebenen Winkel der Ecke E bestimmt sind, durch sie die drei Seiten des Triangels ABC kennt, mithin nach §. 83 die Winkel findet, welche die gesuchten Neigungwinkel sind. — Hat man nun einen regulären Körper, bei welchem jede Ecke von drei gleichen ebenen Winkeln gebildet ist, so sind die Seiten des sphärischen Triangels gleich, und die Winkel, deren nun nur einer berechnet zu werden braucht, (§. 47 Zusatz 1), sind die Neigungwinkel der Seitenflächen des regulären Polyeders gegen einander. Soll man hiernach, z. B. für das Dadecaeder, den Neigungwinkel finden, so ist der Polygonwinkel (der Seitenfläche, die ein reguläres Fünfseit ist) 108°. Nimmt man die, hier sehr brauchbare Formel der Klasse II, §. 73, so ist, wenn λ den gesuchten Neigungwinkel dedeutet:

$$\cos\lambda = \frac{\cos 108° - \cos 108° \cdot \cos 108°}{\sin 108° \cdot \sin 108°}$$

$$= \frac{-\cos 72° - (-\cos 72°)^2}{\sin 72°^2}$$

$$= \frac{-\cos 72° - \cos 72°^2}{\sin 72°^2}.$$

Nach bekannten geometrischen Entwickelungen (aus dem regulären Fünfseit), ist aber $\cos 72° = \sin 18° = \frac{1}{4}(\sqrt{5} - 1)$, daher $-\cos 72° = \frac{1}{4}(1 - \sqrt{5})$, und

$$\sin 72° = \sqrt{\left(1 - \left(\frac{\sqrt{5} - 1}{4}\right)^2\right)}$$

$$= \sqrt{\left(\frac{16 - 5 + 2\sqrt{5} - 1}{16}\right)} = \frac{1}{4}\sqrt{(10 + 2\sqrt{5})};$$

$$\text{also } \cos\lambda = \frac{\frac{1 - \sqrt{5}}{4} - \left(\frac{1 - \sqrt{5}}{4}\right)^2}{(\frac{1}{4}\sqrt{(10 + 2\sqrt{5})})^2} =$$

$$\frac{\frac{4 - 4\sqrt{5} - (1 - 2\sqrt{5} + 5)}{16}}{\frac{10 + 2\sqrt{5}}{16}} =$$

$$\frac{4 - 4\sqrt{5} - 1 + 2\sqrt{5} - 5}{10 + 2\sqrt{5}} = \frac{-2 - 2\sqrt{5}}{10 + 2\sqrt{5}}$$

$$= -\frac{1 + \sqrt{5}}{5 + \sqrt{5}}.$$

Macht man nun, nach einer bekannten arithmetischen Operation, den Nenner rational, so wird $\cos\lambda =$

$$- \frac{(1 + \sqrt{5})\ (5 - \sqrt{5})}{(5 + \sqrt{5})\ (5 - \sqrt{5})} = - \frac{4\sqrt{5}}{20} = - \frac{\sqrt{5}}{5}$$

$= - 0{,}4472136$, woraus $\lambda = 108° - 63°\ 26'\ 6''$ $= 116°\ 35'\ 54''$ folgt. — Um beim Ikosaeder den Neigungwinkel zu erhalten, muß man eine der durch fünf gleiche Winkel (gleichseitiger Triangel) gebildeten Ecke, *) durch eine Hülfebene dergestalt abschneiden, daß diese Ebene durch die fünf zweiten Endpuncte der, jene Ecke bildenden Kanten gelegt wird; dann wird eine reguläre fünfseitige Pyramide abgeschnitten (welche Fig. 23 wieder darstellen kann), bei der man nur den Neigungwinkel zweier Seitenflächen (ZEF und ZEG) zu suchen hat. Im sphärischen Triangel ABC, sind dann die Seiten AB und AC, jede 60°, die CB aber 108°; man hat daher cos ∠ CAB, d. h.

$$\cos\lambda = \frac{\cos 108° - \cos 60° \cdot \cos 60°}{\sin 60° \cdot \sin 60°}$$

$$= \frac{-\cos 72° - \cos 60°^{\,2}}{\sin 60°^{\,2}} = \frac{\frac{1 - \sqrt{5}}{4} - \frac{1}{2} \cdot \frac{1}{2}}{(\sqrt{(1 - (\frac{1}{2})^2)})^2}$$

$$= \frac{\frac{1 - \sqrt{5} - 1}{4}}{\frac{3}{4}} = \frac{1 - \sqrt{5} - 1}{3} = - \frac{\sqrt{5}}{3} =$$

$- 0{,}7453560$, also $\lambda = 108° - 41°\ 48'\ 37'' =$ $138°\ 11'\ 23''$.

Ohne die übrigen Ausführung anzugeben, ist es nun wol einfach, den Neigungwinkel beim Tetraeder zu finden, der sich 70° 31′ 44″ ergiebt; beim Hexaeder (Cubus) würde man ihn eben so 90° finden (wenn man nicht schon aus anderen Gründen diesen Neigungwin=

---

*) Die Menge solcher Ecken, ist bei diesem Körper, 12; da nach §. 70, E = K + 2 — M = 30 + 2 — 20 = 12 ist.

kel wüßte); beim Octaeder aber 109° 28′ 17″ erhalten, wobei abermals eine Hülfebene zu legen ist, so daß eine Ecke, gebildet von einem Winkel von 90° und zweien Winkeln von 60° (deren Neigung der gesuchte Winkel ist), also ein sphärischer Triangel von diesen drei Seiten, der zu betrachtende Triangel ist.

Zusatz 3. Alle andere beim regulären Körper noch vorkommenden Größen, als: sein Inhalt, der Halbmesser der in oder der um ihn zu beschreibenden Kugel u. s. w., sind theils nach den Lehren der Stereometrie und der ebenen Trigonometrie, theils durch Hülfe des im Zusatz 2 entwickelten Neigungwinkels, nunmehr einfach zu finden. Welche Größen allein hinreichen, um alle andere beim regulären Körper vorkommenden Größen daraus zu entwickeln; kann hier als bekannt vorausgesetzt, und selbst jede weitere Andeutung nunmehr, für die Anwendung der sphärischen Trigonometrie auf die Körperlehre, übergangen werden.

§. 100. Anmerkung.

Außer den genannten Grundzügen für die Anwendung der sphärischen Trigonometrie auf rein mathematische Fälle; ist ihre Anwendung auf practische Fälle, nicht minder reichhaltig, wohin besonders solche Fälle gehören, wo aus der gegenseitigen Neigung ebener Flächen, gewisse Winkel zu entwickeln sind, wie selbst beim Feldmessen, in seiner weiteren Ausführung, vorkömmt, und worüber im 5ten Abschnitte der, §. 94 genannten Aufgabensammlung, die wichtigsten Fälle entwickelt sind. — Vor allem aber ist der Nutzen der sphärischen Trigonometrie bedeutend, in der sphärischen Astronomie; wer bekannt mit den Benennungen und Bogen der Kreise an der scheinbaren Himmelkugel ist, kann sich leicht einen Begriff davon machen, wie aus bekannten Kreisen und Kreisbogen daselbst, andere Kreisbogen gesucht werden können, und mittelst der sphärischen Trigonometrie zu berechnen sind. Andeutungen hierüber zu geben, würde, außer der Voraussetzung der Kenntniß jener Eintheilung der Himmelkugel, hier zu weit führen und gegen den Zweck des Buches sein. Die Beziehungen der Sphärik zur mathematischen Geographie, so wie ihre Anwendung, überall in der angewandten Mathematik wo die Kugel als solche berücksichtiget wird, werden in vorkommenden Falle leicht zu finden, und die gesuchten Größen durch Hülfe des Vorgetragenen, leicht zu entwickeln sein.

Anhang.

I. Das griechische Alphabet (Siehe §. 72, 4)

α (ausgesprochen: alpha), β (beta), γ (gamma), δ (delta), ε (epsilon), ζ (zeta), η (eta), ϑ (theta), ι (iota), $\varkappa$ (kappa), λ (lamda), μ (mi), ν (ni), ξ (xi), o (omikron), π (pi), ϱ (rho), σ (sigma), τ (tau), υ (ypsilon), φ (phi), χ (chi), ψ (psi), ω (omega).

II. Entwickelung einiger häufig vorkommenden goniometrischen Formeln (S. §. 72, 3).

In allen Elementarbüchern der ebenen Trigonometrie, wird die Entwickelung folgender vier, hier demnach als bekannt vorausgesetzten Formeln, gelehrt:

1) $\sin(\alpha + \beta) = \cos\beta \sin\alpha + \sin\beta \cos\alpha$.

2) $\cos(\alpha + \beta) = \cos\beta \cos\alpha - \sin\beta \sin\alpha$.

3) $\sin(\alpha - \beta) = \cos\beta \sin\alpha - \sin\beta \cos\alpha$.

4) $\cos(\alpha - \beta) = \cos\beta \cos\alpha + \sin\beta \sin\alpha$.

Zusammengefaßt, kann man diese 4 Formeln darstellen als

$\sin(\alpha \mp \beta = \cos\beta \sin\alpha \mp \sin\beta \cos\alpha$

$\cos(\alpha \mp \beta) = \cos\beta \cos\alpha \pm \sin\beta \sin\alpha$

Setzt man in Nr. 1 und 2, $\alpha = \beta$, so erhält man

5) $\sin 2\,\alpha = 2 \cos \alpha \sin \alpha$;
daher auch $\sin \alpha = 2 \cos \frac{1}{2}\alpha \sin \frac{1}{2}\alpha$ *).

6) $\cos 2\,\alpha = \cos \alpha^2 - \sin \alpha^2$; **)
daher auch $\cos \alpha = \cos \frac{1}{2}\alpha^2 - \sin \frac{1}{2}\alpha^2$

Anmerkung. Dergleichen Substitutionen können oft auf bemerkenswerthe Ausdrücke führen; z. B. da man weiß: $\sin 45^\circ = \cos 45^\circ = \frac{1}{\sqrt{2}}$; so wird $\sin (45^\circ + \alpha) = \cos \alpha \cdot \frac{1}{\sqrt{2}} + \sin \alpha \cdot \frac{1}{\sqrt{2}}$, mithin $\sin (45^\circ + \alpha) \sqrt{2} = \cos \alpha + \sin \alpha$; oder $\sin (45^\circ - \alpha) \sqrt{2} = \cos (-\alpha) + \sin (-\alpha) = \cos \alpha - \sin \alpha$. U. dgl. m.

Setzt man in die erste Form der Nr. 6, für $2\,\alpha$ nur α, und $\cos^2 = 1 - \sin^2$, so wird:

7) $\cos \alpha = 1 - \sin \frac{1}{2}\alpha^2 - \sin \frac{1}{2}\alpha^2 = 1 - 2 \sin \frac{1}{2}\alpha^2$;
daher $2 \sin \frac{1}{2}\alpha^2 = 1 - \cos \alpha$, mithin $\sin \frac{1}{2}\alpha = \sqrt{\left(\frac{1 - \cos \alpha}{2}\right)}$.

Eben so erhält man aus Nr. 6, wenn für $\sin^2 = 1 - \cos^2$ gesetzt wird:

8) $\cos \alpha = \cos \frac{1}{2}\alpha^2 - (1 - \cos \frac{1}{2}\alpha^2) = 2 \cos \frac{1}{2}\alpha^2 - 1$;
daher $2 \cos \frac{1}{2}\alpha^2 = 1 + \cos \alpha$, und $\cos \frac{1}{2}\alpha = \sqrt{\left(\frac{1 + \cos \alpha}{2}\right)}$.

Wird die Gleichung Nr. 7. quadrirt, und dann auch Nr. 8, so erhält man durch einfache Substition:

9) $\sin \frac{1}{2}\alpha^2 = \frac{1}{2}(1 - \cos \alpha)$; oder $\sin \alpha^2 = \frac{1}{2}(1 - \cos 2\,\alpha)$,
und 10) $\cos \frac{1}{2}\alpha^2 = \frac{1}{2}(1 + \cos \alpha)$, oder $\cos \alpha^2 = \frac{1}{2}(1 + \cos 2\,\alpha)$.

Durch einfache Addition und Subtraction gewisser zwei, der vier ersten Formeln, erhält man sogleich:

---

*) Da α und β ganz willkührliche Werthe sind, so ist für α zu setzen $\frac{1}{2}\alpha$, wodurch dann auch $2\,\alpha$ zu α wird; diese Substitution geschieht auch ferner noch oft.

**) Die Bezeichnung $\sin \alpha^2$, ist einerlei mit der $\overline{\sin \alpha}^2$ oder $(\sin \alpha)^2$ oder $\sin^2 \alpha$.

11) $\sin(\alpha+\beta)+\sin(\alpha-\beta)=$
$2\sin\alpha\cos\beta$ (Nr. 1 und 3 addirt).

12) $\sin(\alpha+\beta)-\sin(\alpha-\beta)=$
$2\cos\alpha\sin\beta$ (Nr. 3 von 1 subtrahirt).

13) $\cos(\alpha+\beta)+\cos(\alpha-\beta)=$
$2\cos\alpha\cos\beta$ (Nr. 2 und 4 addirt).

14) $\cos(\alpha-\beta)-\cos(\alpha+\beta)=$
$2\sin\alpha\sin\beta$ (Nr. 2 von 4 subtrahirt).

Anmerkung. Verlangt man bei Nr. 12 und 14, die entgegengesetzten Differenzen, so erhält man
$\sin(\alpha-\beta)-\sin(\alpha+\beta)=-2\cos\alpha\sin\beta=+2\cos\alpha\sin(-\beta)$, u.
$\cos(\alpha+\beta)-\cos(\alpha-\beta)=-2\sin\alpha\sin\beta=+2\sin(-\alpha)\sin\beta=$
$2\sin\alpha\sin(-\beta)$. Man kann sich hier und in ähnlichen Fällen der, §. 72, 5 bis 7 gemachten Bemerkungen erinnern.

Aus den vier Formeln Nr. 11. bis 14, kann man, wenn beide Seiten der Gleichung durch 2 dividirt werden, sogleich vier neue wichtige Formeln herleiten, nemlich:

15) $\sin\alpha\cos\beta=\frac{1}{2}(\sin(\alpha+\beta)+\sin(\alpha-\beta))$.

16) $\cos\alpha\sin\beta=\frac{1}{2}(\sin(\alpha+\beta)-\sin(\alpha-\beta))$ *).

17) $\cos\alpha\cos\beta=\frac{1}{2}(\cos(\alpha+\beta)+\cos(\alpha-\beta))$.

18) $\sin\alpha\sin\beta=\frac{1}{2}(\cos(\alpha-\beta)-\cos(\alpha+\beta))$.

Setzt man in Nr. 11. für $\alpha+\beta$ z. B. γ, und für $\alpha-\beta=\delta$; so wird nach einem bekannten Satze, **) $\alpha=\frac{1}{2}(\gamma+\delta)$ und $\beta=\frac{1}{2}(\gamma-\delta)$, und die Formel Nr. 11, erhält diese Form: $\sin\gamma+\sin\delta=2\sin\frac{1}{2}(\gamma+\delta)\cos\frac{1}{2}(\gamma-\delta)$. Aber es hindert nichts, auch in diese neue Form, wieder γ und δ, durch α und β zu bezeichnen; geschieht dies, und macht man diese Substitutionen auch bei den Formeln 12, 13 und 14; so erhält man wieder vier wichtige Formeln, nemlich:

---

*) Wird in Nr. 15, nur α mit β vertauscht, so erhält man auch Nr. 16, was sich in den zweiten Gliedern der 2ten Seite zeigt, da dann $+\sin(\beta-\alpha)$, wiederum $=-\sin(\alpha-\beta)$ wird.

**) Siehe Seite 144 am Ende bei **).

19) $\sin\alpha + \sin\beta = 2\sin\frac{1}{2}(\alpha+\beta)\cos\frac{1}{2}(\alpha-\beta)$.

20) $\sin\alpha - \sin\beta = 2\cos\frac{1}{2}(\alpha+\beta)\sin\frac{1}{2}(\alpha-\beta)$.

21) $\cos\alpha + \cos\beta = 2\cos\frac{1}{2}(\alpha+\beta)\cos\frac{1}{2}(\alpha-\beta)$.

22) $\cos\beta - \cos\alpha = 2\sin\frac{1}{2}(\alpha+\beta)\sin\frac{1}{2}(\alpha-\beta)$.

Anmerk. Nr. 20 und 22, geben auch die entgegengesetzten Differenzen, nemlich $\sin\beta - \sin\alpha = 2\cos\frac{1}{2}(\alpha+\beta)\sin\frac{1}{2}(\beta-\alpha)$ und $\cos\alpha - \cos\beta = 2\sin\frac{1}{2}(\alpha+\beta)\sin\frac{1}{2}(\beta-\alpha)$; indem es bei diesen Werthen von $\alpha >$ oder $< \beta$ abhängt, welche Form man im besonderen Falle vorzieht. Soll aber auf der rechten Seite $\sin\frac{1}{2}(\alpha-\beta)$ erscheinen, so macht man, weil $\sin\frac{1}{2}(\alpha-\beta) = -\sin\frac{1}{2}(\beta-\alpha)$ ist, die 2te Seite der Gleichung negativ, wonach also:
$\sin\beta - \sin\alpha = -2\cos\frac{1}{2}(\alpha+\beta)\sin\frac{1}{2}(\alpha-\beta)$ und
$\cos\alpha - \cos\beta = -2\sin\frac{1}{2}(\alpha+\beta)\sin\frac{1}{2}(\beta-\alpha)$ wird.

23) Weil ganz allgemein $\text{tang} = \frac{\sin}{\cos}$, so ist $\text{tang}(\alpha+\beta) = \frac{\sin(\alpha+\beta)}{\cos(\alpha+\beta)}$. Setzt man in den Zähler und Nenner des Bruchs, die Werthe aus Nr. 1 und 2; so ist $\text{tang}(\alpha+\beta) = \frac{\cos\beta\sin\alpha + \sin\beta\cos\alpha}{\cos\beta\cos\alpha - \sin\beta\sin\alpha}$. Wird der Zähler und Nenner durch $\cos\alpha\cos\beta$ dividirt, für $\frac{\sin}{\cos}$ aber wieder tang gesetzt; so hat man:

$$\text{tang}(\alpha+\beta) = \frac{\text{tang}\,\alpha + \text{tang}\,\beta}{1 - \text{tang}\,\beta\,\text{tang}\,\alpha}.$$

24) Auf gleiche Weise findet man, da $\text{tang}(\alpha-\beta) = \frac{\sin(\alpha-\beta)}{\cos(\alpha-\beta)}$ ist,

$$\text{tang}(\alpha-\beta) = \frac{\text{tang}\,\alpha - \text{tang}\,\beta}{1 + \text{tang}\,\alpha\,\text{tang}\,\beta}.$$

25) Weil $\frac{1}{\text{tang}} = \cot$, so ist $\frac{1}{\text{tang}(\alpha+\beta)} = \cot(\alpha+\beta) = \frac{1 - \text{tang}\,\alpha\,\text{tang}\,\beta}{\text{tang}\,\alpha + \text{tang}\,\beta}$ (Nr. 23); und

26) $\frac{1}{\text{tang}(\alpha-\beta)} = \cot(\alpha-\beta) = \frac{1 + \text{tang}\,\alpha\,\text{tang}\,\beta}{\text{tang}\,\alpha - \text{tang}\,\beta}$ (Nr. 24)

Anmerkung. Die Formeln Nr. 23 und 24, geben zusammen die eine Formel $\tang(\alpha \mp \beta) = \frac{\tang \alpha \mp \tang \beta}{1 \pm \tang \alpha \tang \beta}$; die Formeln 25 und 26 eben so $\cot(\alpha \mp \beta) = \frac{1 \pm \tang \alpha \tang \beta}{\tang \alpha \mp \tang \beta}$.

27) Wenn man in der, bei Nr. 23 erhaltenen Auflösung für $\tang(\alpha + \beta) = \frac{\cos \beta \sin \alpha + \sin \beta \cos \alpha}{\cos \beta \cos \alpha - \sin \beta \sin \alpha}$, Zähler und Nenner durch $\sin \beta \sin \alpha$ dividirt, so kömmt $\tang(\alpha + \beta) = \frac{\cot \beta + \cot \alpha}{\cot \beta \cot \alpha - 1}$.

28) Eben so wird, wenn in der für $\tang(\alpha - \beta)$ erhaltenen Auflösung (Nr. 24), durch $\sin \beta \sin \alpha$ dividirt wird, $\tang(\alpha - \beta) = \frac{\cot \beta - \cot \alpha}{\cot \beta \cot \alpha + 1}$.

29) Aus Nr. 28 wird, da $\frac{1}{\tang(\alpha + \beta)} = \cot(\alpha + \beta)$ ist, $\cot(\alpha + \beta) = \frac{\cot \alpha \cot \beta - 1}{\cot \alpha + \cot \beta}$.

30) Und aus Nr. 28 wird $\cot(\alpha - \beta) = \frac{\cot \beta \cot \alpha + 1}{\cot \beta - \cot \alpha}$.

Anmerkung. Leicht sieht man daß, wie vorher, allgemein ist: $\tang(\alpha \mp \beta) = \frac{\cot \beta \mp \cot \alpha}{\cot \beta \cot \alpha \pm 1}$, und $\cot(\alpha \mp \beta) = \frac{\cot \beta \cot \alpha \pm 1}{\cot \beta \mp \cot \alpha}$.

Zusatz. Weil $\tang 45° = \cot 45° = 1$ ist, so lassen sich die Formeln für $\tang(\alpha + 45°)$ und $\cot(\alpha + 45°)$, vereinfacht darstellen; nemlich aus dem in der vorigen und in dieser Anmerkung Gesagten, folgt: $\tang(\alpha \mp 45°) = \frac{\tang \alpha \mp 1}{1 \pm \tang \alpha} = \frac{1 \mp \cot \alpha}{\cot \alpha \pm 1}$, und $\cot(\alpha \mp 45°) = \frac{1 \pm \tang \alpha}{\tang \alpha \mp 1} = \frac{\cot \alpha \pm 1}{1 \mp \cot \alpha}$. Auch die Formeln für $\tang(45 \mp \alpha)$ und für $\cot(45 \mp \alpha)$ sind nun einfach zu finden.

31) Durch Substitution der Werthe, welche die Formeln 19 bis 22 angeben, erhält man:

$$\frac{\sin\alpha + \sin\beta}{\sin\alpha - \sin\beta} = \frac{2\sin\frac{1}{2}(\alpha+\beta)\ \cos\frac{1}{2}(\alpha-\beta)}{2\cos\frac{1}{2}(\alpha+\beta)\ \sin\frac{1}{2}(\alpha-\beta)}$$

$= \text{tang}\ \frac{1}{2}(\alpha+\beta) \cdot \cot\frac{1}{2}(\alpha-\beta)$ (wenn nemlich die Division wirklich vollzogen wird), oder $= \frac{\text{tang}\ \frac{1}{2}(\alpha+\beta)}{\text{tang}\ \frac{1}{2}(\alpha-\beta)} = \frac{\cot\frac{1}{2}(\alpha-\beta)}{\cot\frac{1}{2}(\alpha+\beta)}$. Aus dieser Gleichung kann man auch die Proportion herleiten:

$\sin\alpha + \sin\beta : \sin\alpha - \sin\beta =$
$\text{tang}\ \frac{1}{2}(\alpha+\beta) : \text{tang}\ \frac{1}{2}(\alpha-\beta) =$
$\cot\frac{1}{2}(\alpha-\beta) : \cot\frac{1}{2}(\alpha+\beta)$.

32) Auf ganz dieselbe Weise erhält man, wenn der Werth der Formel 19, durch den Werth der Formel 21 dividirt wird, was so ausgedrückt werden mag:

$$\frac{\text{Nr. } 19}{\text{Nr. } 21}, \quad \frac{\sin\alpha + \sin\beta}{\cos\alpha + \cos\beta} = \frac{2\sin\frac{1}{2}(\alpha+\beta)\cos\frac{1}{2}(\alpha-\beta)}{2\cos\frac{1}{2}(\alpha+\beta)\cos\frac{1}{2}(\alpha-\beta)}$$

$= \text{tang}\ \frac{1}{2}(\alpha+\beta)$.

33) $$\frac{\text{Nr } 19}{\text{Nr. } 22} = \frac{\sin\alpha + \sin\beta}{\cos\beta - \cos\alpha} = \frac{2\sin\frac{1}{2}(\alpha+\beta)\ \cos\frac{1}{2}(\alpha-\beta)}{2\sin\frac{1}{2}(\alpha+\beta)\ \sin\frac{1}{2}(\alpha-\beta)}$$

$= \cot\frac{1}{2}(\alpha-\beta)$; hiernach ist auch

$$\frac{\sin\alpha + \sin\beta}{\cos\alpha - \cos\beta} = -\cot\frac{1}{2}(\alpha-\beta) = \cot\frac{1}{2}(\beta-\alpha).$$

34) $$\frac{\text{Nr. } 20}{\text{Nr. } 21} = \frac{\sin\alpha - \sin\beta}{\cos\alpha + \cos\beta} = \frac{2\cos\frac{1}{2}(\alpha+\beta)\ \sin\frac{1}{2}(\alpha-\beta)}{2\cos\frac{1}{2}(\alpha+\beta)\cos\frac{1}{2}(\alpha-\beta)}$$

$= \text{tang}\ \frac{1}{2}(\alpha-\beta)$; daher auch

$$\frac{\sin\beta - \sin\alpha}{\cos\alpha + \cos\beta} = \text{tang}\ \frac{1}{2}(\beta-\alpha).$$

35) $$\frac{\text{Nr. } 20}{\text{Nr. } 22} = \frac{\sin\alpha - \sin\beta}{\cos\beta - \cos\alpha} = \frac{2\cos\frac{1}{2}(\alpha+\beta)\sin\frac{1}{2}(\alpha-\beta)}{2\sin\frac{1}{2}(\alpha+\beta)\sin\frac{1}{2}(\alpha-\beta)}$$

$= \cot\frac{1}{2}(\alpha+\beta)$;

wonach $\frac{\sin\alpha - \sin\beta}{\cos\alpha - \cos\beta} = -\cot\frac{1}{2}(\alpha+\beta)$ ist.

36) $$\frac{\text{Nr. } 21}{\text{Nr. } 22} = \frac{\cos\alpha + \cos\beta}{\cos\beta - \cos\alpha} = \frac{2\cos\frac{1}{2}(\alpha+\beta)\ \cos\frac{1}{2}(\alpha-\beta)}{2\sin\frac{1}{2}(\alpha+\beta)\ \sin\frac{1}{2}(\alpha-\beta)}$$

$= \cot \frac{1}{2}(\alpha + \beta) \cot \frac{1}{2}(\alpha - \beta)$, oder $\frac{\cos\alpha + \cos\beta}{\cos\alpha - \cos\beta} = \cot \frac{1}{2}(\alpha+\beta) \cot\frac{1}{2}(\beta-\alpha)$ (welcher Ausdruck sich wieder abändern läßt als) $= \frac{\cot\frac{1}{2}(\alpha+\beta)}{\operatorname{tang}\frac{1}{2}(\beta-\alpha)} = \frac{\cot\frac{1}{2}(\beta-\alpha)}{\operatorname{tang}\frac{1}{2}(\alpha+\beta)}$; hieraus erhält man die Proportion $\cos\alpha + \cos\beta : \cos\alpha - \cos\beta = \cot\frac{1}{2}(\alpha+\beta) : \operatorname{tang}\frac{1}{2}(\beta-\alpha) = \cot\frac{1}{2}(\beta-\alpha) : \operatorname{tang}\frac{1}{2}(\alpha+\beta)$.

Anmerk. Es ist wol kaum zu erinnern nöthig, daß die Brüche der Ausdrücke der sechs Formeln Nr. 31 bis 36, auch umgekehret werden, und die rechten Seiten danach einfach geändert werden können. Die hierdurch entstehenden Formeln, sind aber nicht als neu anzusehen.

37) Setzt man in Nr. 34, $\beta = 0$, so erhält man

$\operatorname{tang}\frac{1}{2}\alpha = \frac{\sin\alpha}{\cos\alpha + 1}$, daher $\cot\frac{1}{2}\alpha = \frac{\cos\alpha+1}{\sin\alpha}$;

und wiederum $\operatorname{tang}\alpha = \frac{\sin 2\alpha}{\cos 2\alpha + 1}$, so wie

$\cot\alpha = \frac{\cos 2\alpha + 1}{\sin 2\alpha}$.

38) Wird in Nr. 35, $\beta = 0$ gesetzt, so ist $\frac{\sin\alpha}{1-\cos\alpha} =$

$\cot\frac{1}{2}\alpha$, also $\frac{1-\cos\alpha}{\sin\alpha} = \operatorname{tang}\frac{1}{2}\alpha$; wonach auch

ist $\cot\alpha = \frac{\sin 2\alpha}{1-\cos 2\alpha}$ und $\operatorname{tang}\alpha = \frac{1-\cos 2\alpha}{\sin 2\alpha}$.

Anmerkung. Die durch Nr. 37 und 38 erhaltenen doppelten Ausdrücke für tang α und cot α, sind wol bemerkenswerth, und geben bei ihrer Gleichsetzung, zu neuen Entwickelungen Anlaß.

39) Aus Nr. 7 ist bekannt: $\sin\frac{1}{2}\alpha^2 = \frac{1-\cos\alpha}{2}$, und

aus Nr. 8 ist $\cos\frac{1}{2}\alpha^2 = \frac{1+\cos\alpha}{2}$; daher wird

sin

$\frac{\sin \frac{1}{2} \alpha^2}{\cos \frac{1}{2} \alpha^2} = \tan \frac{1}{2} \alpha^2 = \frac{1 - \cos \alpha}{1 + \cos \alpha}$; also auch

$\tan \alpha^2 = \frac{1 - \cos 2\alpha}{1 + \cos 2\alpha}$, und $\cot \alpha^2 = \frac{1 + \cos 2\alpha}{1 - \cos 2\alpha}$.

40) Wird Nr. 1 durch $\cos \alpha \cos \beta$ dividirt, so erhält man $\frac{\cos \beta \sin \alpha + \sin \beta \cos \alpha}{\cos \alpha \cos \beta} = \tan \alpha + \tan \beta$ $= \frac{\sin (\alpha + \beta)}{\cos \alpha \cos \beta}$. Setzt man $\alpha = \beta$, so wird der Ausdruck $2 \tan \alpha = \frac{\sin 2\alpha}{\cos \alpha^2}$, also $\tan \alpha = \frac{1}{2} \frac{\sin 2\alpha}{\cos \alpha^2}$; wiederum ein neuer Werth für $\tan \alpha$, welcher, so wie der aus ihm folgende für $\cot \alpha = \frac{2 \cos \alpha^2}{\sin 2\alpha}$, mit denen in Nr. 37 und 38 gefundenen Werthen, verglichen werden kann.

41) Wird Nr. 3 durch $\cos \alpha \cos \beta$ dividirt, so erhält man $\frac{\sin (\alpha - \beta)}{\cos \alpha \cos \beta} = \tan \alpha - \tan \beta$.

42) Nr. 1 durch $\sin \alpha \sin \beta$ dividirt, giebt $\frac{\sin (\alpha + \beta)}{\sin \alpha \sin \beta}$ $= \cot \alpha + \cot \beta$, wo wiederum $\alpha = \beta$ gesetzt, giebt $\cot \alpha = \frac{\sin 2\alpha}{2 \sin \alpha^2}$, daher $\tan \alpha = \frac{2 \sin \alpha^2}{\sin 2\alpha}$ wird; wieder neue Werthe für $\tan \alpha$ und $\cot \alpha$.

43) Wird Nr. 3 dividirt, so ist $\frac{\sin (\alpha - \beta)}{\sin \alpha \sin \beta} =$ $\cot \beta - \cot \alpha$, daher $\cot \alpha - \cot \beta = \frac{\sin (\beta - \alpha)}{\sin \alpha \sin \beta}$.

44) Nr. 40 durch Nr. 41 dividirt, giebt:
$\frac{\tan \alpha + \tan \beta}{\tan \alpha - \tan \beta} = \frac{\sin (\alpha + \beta)}{\sin (\alpha - \beta)}$.

45) Nr. 42 durch Nr. 43 dividirt, giebt:
$\frac{\cot \alpha + \cot \beta}{\cot \alpha - \cot \beta} = \frac{\sin (\alpha + \beta)}{\sin (\alpha - \beta)}$.

Anmerk. Die beiden gleichen Werthe in Nr. 44 und 45, geben: $\frac{\tang\alpha + \tang\beta}{\tang\alpha - \tang\beta} = \frac{\cot\alpha + \cot\beta}{\cot\alpha - \cot\beta}$, aus welcher Gleichung man leicht eine Proportion oder neue Gleichungen herleiten kann.

46) Nr. 1 und 3 mit einander multiplicirt, giebt: $\sin(\alpha+\beta)\sin(\alpha-\beta) = \cos\beta^2 \sin\alpha^2 - \sin\beta^2\cos\alpha^2 = (1-\sin\beta^2)\sin\alpha^2 - \sin\beta^2(1-\sin\alpha^2) = \sin\alpha^2 - \sin\beta^2\sin\alpha^2 - \sin\beta^2 + \sin\beta^2\sin\alpha^2 = \sin\alpha^2 - \sin\beta^2$.

47) Auch giebt Nr. 46, $-\sin(\alpha+\beta)\sin(\alpha-\beta) = \sin(\alpha+\beta)\sin(\beta-\alpha) = \sin\beta^2\cos\alpha^2 - \cos\beta^2\sin\alpha^2 = (1-\cos\beta^2)\cos\alpha^2 - \cos\beta^2(1-\cos\alpha^2) = \cos\alpha^2 - \cos\beta^2$.

Zusatz. Nr. 46 und 47 verglichen, geben $\sin\alpha^2 - \sin\beta^2 = -(\cos\alpha^2 - \cos\beta^2) = \cos\beta^2 - \cos\alpha^2$.

48) Nr. 2 und 4 mit einander multiplicirt, geben: $\cos(\alpha+\beta)\cos(\alpha-\beta) = \cos\alpha^2\cos\beta^2 - \sin\alpha^2\sin\beta^2 = \cos\alpha^2(1-\sin\beta^2) - (1-\cos\alpha^2)\sin\beta^2 = \cos\alpha^2 - \sin\beta^2$.

Anmerk. Dergleichen Multiplicationen können nach mehrer gemacht, und manche neue Formeln daraus hergeleitet werden.

49) Aus Nr. 46 erhält man $\frac{\cos\beta^2\sin\alpha^2 - \sin\beta^2\cos\alpha^2}{\cos\alpha^2\cos\beta^2}$

$$= \frac{\sin(\alpha+\beta)\sin(\alpha-\beta)}{\cos\alpha^2\cos\beta^2} = \tang\alpha^2 - \tang\beta^2.$$

50) Aus Nr. 46 oder 49, erhält man eben so einfach:

$$\frac{\sin(\alpha+\beta)\sin(\alpha-\beta)}{\sin\alpha^2\sin\beta^2} = \frac{\cos\beta^2\sin\alpha^2 - \sin\beta^2\cos\alpha^2}{\sin\alpha^2\sin\beta^2}$$

$= \cot\beta^2 - \cot\alpha^2$, also auch $\cot\alpha^2 - \cot\beta^2 =$

$$\frac{\sin(\alpha+\beta)\sin(\beta-\alpha)}{\sin\alpha^2\sin\beta^2}.$$

51) Addirt man die im Zusatz zu Nr. 30 erhaltenen Formeln für $\tang(45^\circ+\alpha)$ und $\tang(45^\circ-\alpha)$,

so wird die Summe:

$$\operatorname{tang}(45^0+\alpha)+\operatorname{tang}(45^0-\alpha)=$$

$$\frac{1+\operatorname{tang}\alpha}{1-\operatorname{tang}\alpha}+\frac{1-\operatorname{tang}\alpha}{1+\operatorname{tang}\alpha}=$$

$$\frac{(1+\operatorname{tang}\alpha)(1+\operatorname{tang}\alpha)+(1-\operatorname{tang}\alpha)(1-\operatorname{tang}\alpha)}{(1-\operatorname{tang}\alpha)(1+\operatorname{tang}\alpha)}$$

$$=\frac{(1+\operatorname{tang}\alpha)^2+(1-\operatorname{tang}\alpha)^2}{1-\operatorname{tang}\alpha^2}$$

$$=\frac{2+2\operatorname{tang}\alpha^2}{1-\operatorname{tang}\alpha^2}=\frac{2(1+\operatorname{tang}\alpha^2)}{1-\operatorname{tang}\alpha^2}=$$

$$\frac{2\sec\alpha^2}{1-\operatorname{tang}\alpha^2}=\frac{2}{\frac{1}{\sec\alpha^2}-\frac{\operatorname{tang}\alpha^2}{\sec\alpha^2}}=\frac{2}{\cos\alpha^2-\sin\alpha^2}$$

$$=\frac{2}{\cos\alpha^2-1+\cos\alpha^2}=\frac{2}{2\cos\alpha^2-1}=$$

(nach Nr. 10) $\frac{2}{\cos 2\alpha}=2\sec 2\alpha.$

52) Durch Subtraction der beiden in Nr. 51 addirten Werthe, erhält man $\operatorname{tang}(45^0+\alpha)-\operatorname{tang}(45^0-\alpha)$

$$=\frac{1+\operatorname{tang}\alpha}{1-\operatorname{tang}\alpha}-\frac{1-\operatorname{tang}\alpha}{1+\operatorname{tang}\alpha}=$$

$$\frac{(1+\operatorname{tang}\alpha)^2-(1-\operatorname{tang}\alpha)^2}{1-\operatorname{tang}\alpha^2}=\frac{4\operatorname{tang}\alpha}{1-\operatorname{tang}\alpha^2}=$$

$2\cdot\frac{2\operatorname{tang}\alpha}{1-\operatorname{tang}\alpha^2}=2\operatorname{tang}2\alpha$ (nach Formel 23, wenn $\alpha=\beta$ gesetzt wird).

53) $\operatorname{tang}\alpha+\cot\alpha=\operatorname{tang}\alpha+\frac{1}{\operatorname{tang}\alpha}=\frac{\operatorname{tang}\alpha^2+1}{\operatorname{tang}\alpha}$

$$=\frac{\sec\alpha^2}{\operatorname{tang}\alpha}=\frac{1}{\frac{\operatorname{tang}\alpha}{\sec\alpha}\cdot\frac{1}{\sec\alpha}}=\frac{1}{\sin\alpha\cos\alpha}=$$

$\frac{1}{\frac{1}{2}\sin 2\alpha}$ (nach Formel 5) $=\frac{2}{\sin 2\alpha}=2\operatorname{cosec}2\alpha.$

54) $\cot\alpha-\operatorname{tang}\alpha=\frac{1}{\operatorname{tang}\alpha}-\operatorname{tang}\alpha=\frac{1-\operatorname{tang}\alpha^2}{\operatorname{tang}\alpha}=$

$\frac{2}{\tang 2\alpha}$ (wenn nemlich in Nr. 23, $\alpha = \beta$ gesetzt, der Werth umgekehrt genommen und mit 2 multiplicirt wird) $= 2 \cot 2\alpha$.

55) $$\frac{\cos\alpha^2 + \sin\alpha^2}{\cos\alpha^2 - \sin\alpha^2} = \frac{\frac{\cos\alpha^2}{\cos\alpha^2} + \frac{\sin\alpha^2}{\cos\alpha^2}}{\frac{\cos\alpha^2}{\cos\alpha^2} - \frac{\sin\alpha^2}{\cos\alpha^2}} = \frac{1 + \tang\alpha^2}{1 - \tang\alpha^2}.$$

Man sieht wie es leicht ist, dergleichen Formeln in großer Anzahl noch zu bilden; die vorstehenden möchten wol besonders oft vorkommen. — Eine ziemlich vollständige Sammluug solcher Formeln (ohne Auflösung) ist: Diesterweg, trigonometrische Formeln. Bonn 1822; sehr vollständig aber das so eben (Berlin 1827 bei Dümmler) erschienene Werk: Die Formeln der Geometrie und Trigonometrie, welche trefflich geordnete Sammlung, den ersten Band eines, in seiner Fortsetzung noch zu erwartenden classischen Werkes, unter dem Titel: Handbuch für die Anwendung der reinen Mathematik, bildet.

Berlin, gedruckt bei A. W. Hayn.

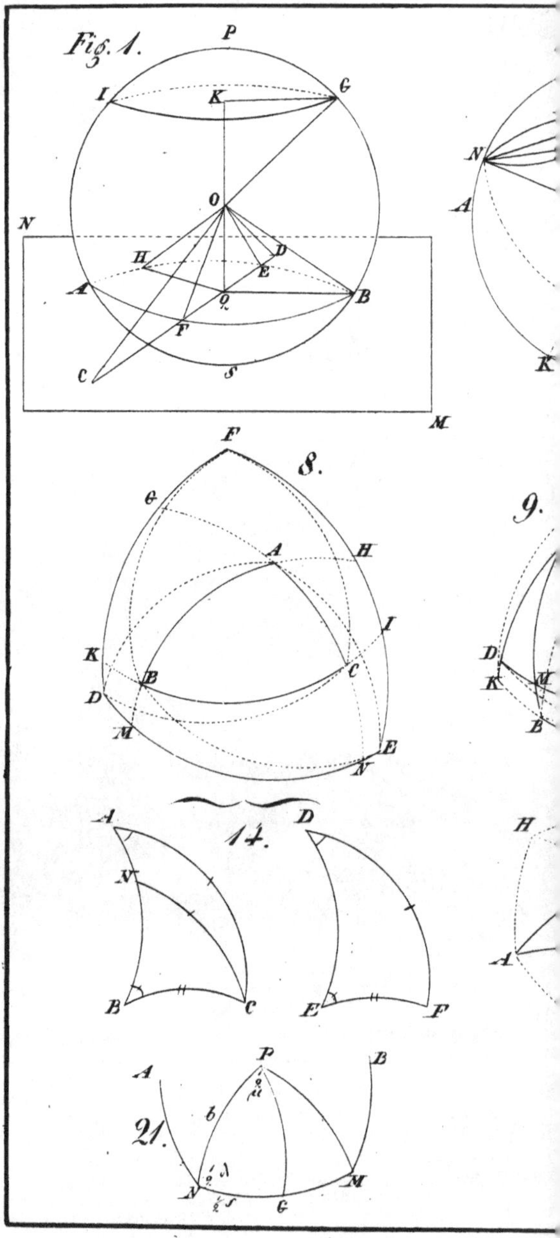
Fig. 1.
8.
9.
14.
21.

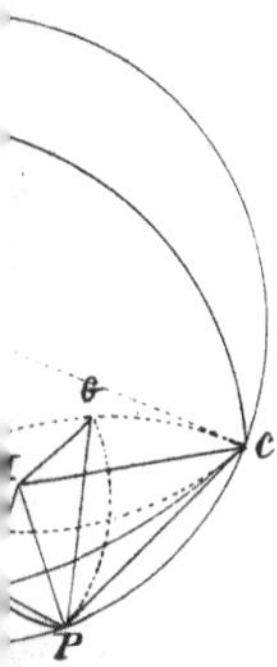

3.

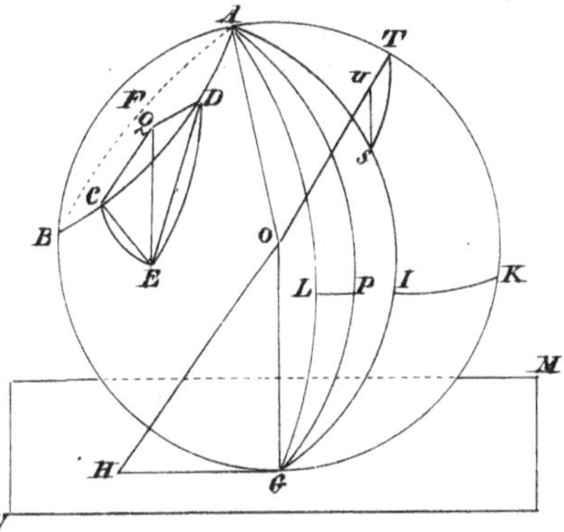

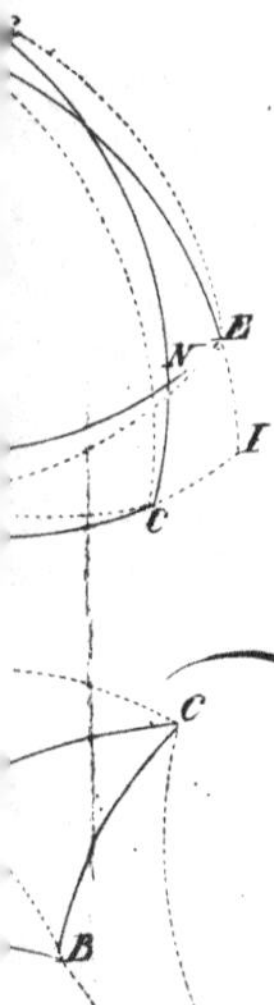

10.

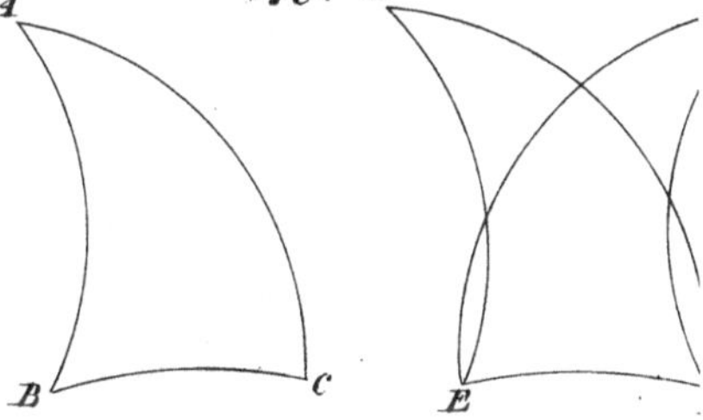

15.

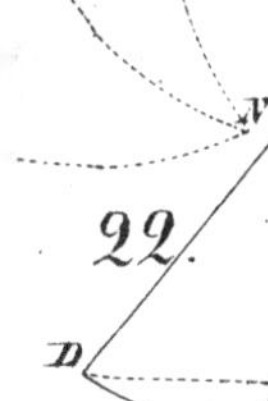

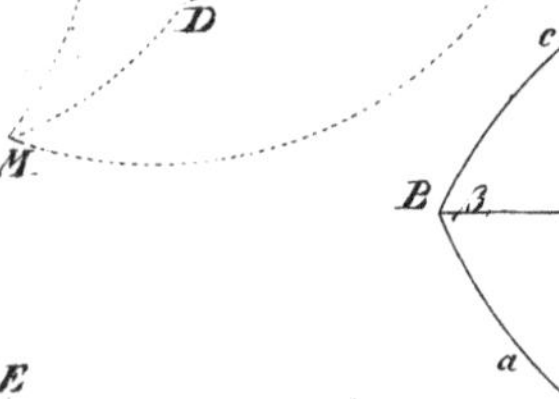

22.

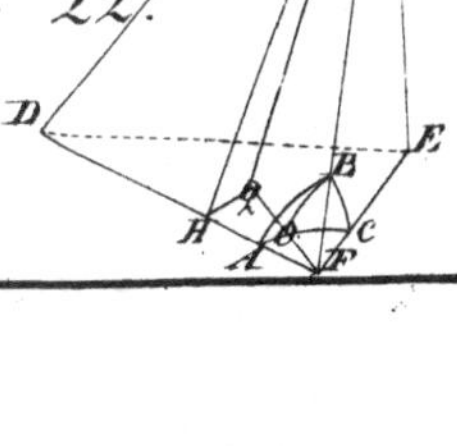

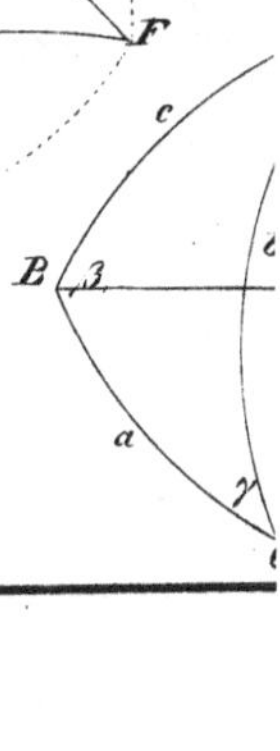

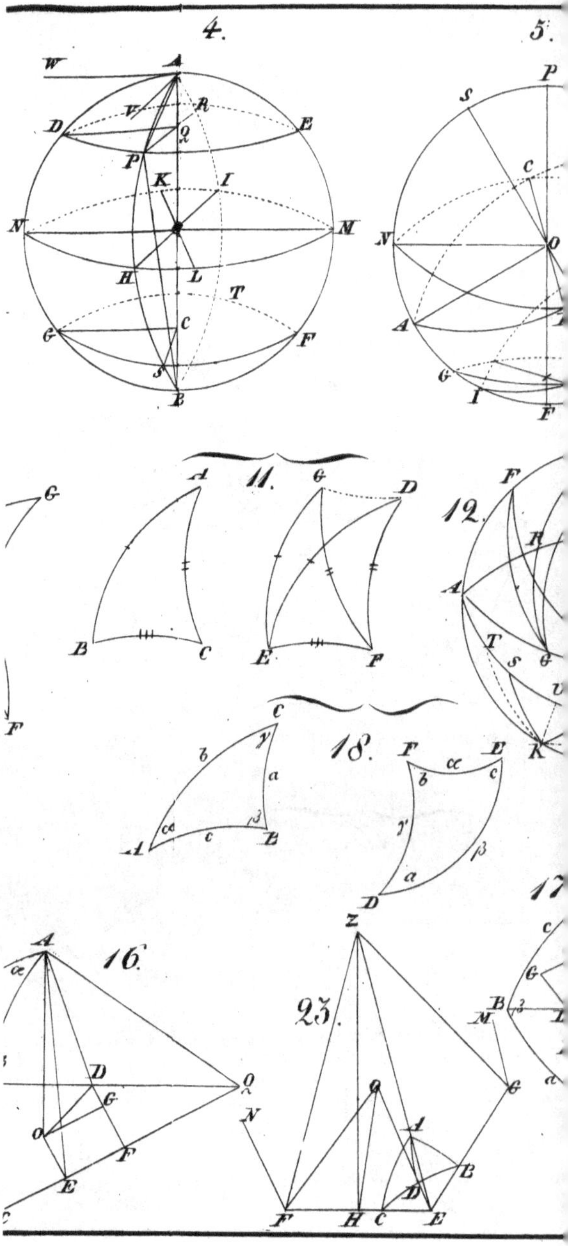
4.
5.
11.
12.
18.
16.
23.
17

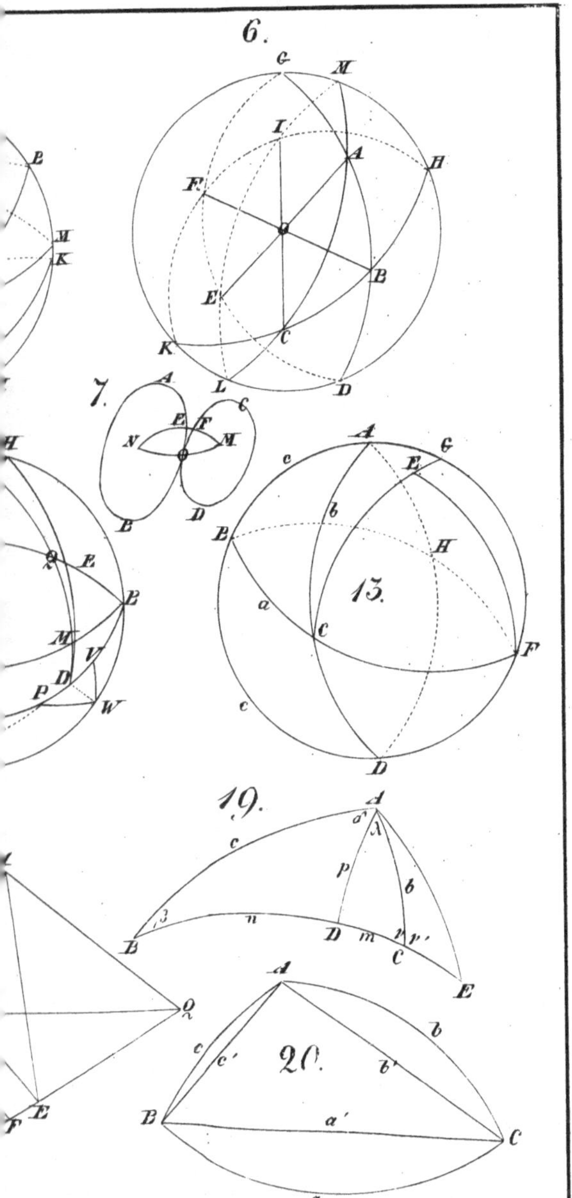

zu Forstner's Sphärik.

MIX
Papier | Fördert gute Waldnutzung
FSC® C083411

Zeitfracht Medien GmbH
Ferdinand-Jühlke-Straße 7
99095 Erfurt, Deutschland
produktsicherheit@kolibri360.de